열정만 있다면
당신은
여행 CEO

# 열정만 있다면 당신은 여행 CEO

| | |
|---|---|
| **초판 1쇄 인쇄** | 2019년 9월 1일 |
| **초판 1쇄 발행** | 2019년 9월 1일 |
| **지은이** | 강영옥 |
| **펴낸이** | 서정현 |
| **디자인** | 김영진 |
| **펴낸곳** | 카이로스 |
| **출판등록** | 제2017-000234호 |
| **전화** | 02-558-8060 |
| **주소** | 서울 서초구 서초중앙로 56 8층 824호 |
| **e-mail** | suh310@hanmail.net |
| **ISBN** | 979-11-962088-5-1 (13980) |

# 열정만 있다면 당신은 여행 CEO

**소자본 1인 여행사**
**창업 실전 매뉴얼**

**강영옥** 지음

목차

# 여행업, 평생직업으로 매력적이다

chapter 1

# chapter 2

## 내가 나를 고용한다
## '1인 기업'

# chapter 3

## 여행기획자와
## 1인 여행사

# 인솔자,
## 여행의 전부이자 기본

chapter 4

# chapter 5

## 여행기획자로서의
## 여행 이야기

# 프롤로그

필자는 1인 여행사를 위한 창업세미나 강의를 개설했다. 이 책은 강의실에 모인 제자들을 위한 것이기도 하면서 '나도 여행사를 해볼까'라고 고민하는 이들을 위해 탄생한 것이다. 모쪼록 여행기획자의 여행이 빛나길 바라면서 쓴 내용이라고 할 수 있다.

지난 2018년 10월, 정부는 한 가지 정책을 발표했다. 이른바 '창업규제 혁신방안'으로, 이 정책은 발표되고 난 뒤 표면적인 파장은 없었다. 내용이 실생활과 거리가 있었기 때문이다. 그런데 필자는 좀 달랐다. 비단 필자뿐만 아니다. 필자가 속한 여행업에서는 이 정책에 대해 비상한 관심을 보일 수밖에 없었다. 바로 소자본 1인 여행사 창업이 가능해지기 때문이다.

당시 이낙연 국무총리 주재로 열린 국정현안점검 조정회의에서 확정된 '창업규제 혁신방안'은 86개 업종에서 105건의 규제를 완화하는 내용을 담고 있었다. 포인트는 '누구나 손쉽게 창업할 수 있게 한다.'는 취지로 소규모 창업의 걸림돌을 빼내는데 주안점을 뒀다. 주목할 부분은 관광진흥법 시행령 개정이었는데, 이 개정안에는 외국인 대상 '소규모 관광안내업'이 신설됐다. 당시는 개인 관광객을 대상으로 1인 가이드를 하려고 해도 단체 관광객 안내와 마찬가지로 1억 원의 자본금을 마련해 일반 여행업으로 등록해야 했다. 하지만 이 개정안 이후로 2,000만 원의 자본금만 마련하면 소규모 관광안내업체를 차릴 수 있게 된다.

이른바 1인 여행사의 시대가 도래한 것이다. 처음

에는 주변에서 "아무리 그래도 여행사가 할 일이 얼마나 많은데, 1인 여행사 붐이 일어나겠어?"라고 말했다. 하지만 필자는 아니었다. 이것은 새로운 지각 변동을 알리는 것이었다. 만약 1인 여행사가 계속 생겨난다면 여행업의 흐름도 바뀌게 된다. 보다 고객 친화적이며 소규모의 특별한 여행 상품들이 탄생한다는 것이다. 즉, 저가이자 저품질의 상품이 대량 생산되는 것이 아니라, 중저가의 스페셜 상품들이 쏟아져 나올 것이라는 전망이다.

실제로 세상은 빠르게 움직였다. 개정안 발표 후 불과 두 달도 되지 않아 1인 여행사를 표방하는 신생업체들이 하나, 둘 생기기 시작했다. 패기와 열정뿐만 아니라 탄탄한 기획안을 품고 여행을 노크하는 이들을 보고 있으려니, 필자의 촉이 아직은 쓸 만하구나 이런 생각이 들었다. 하지만 여행을 좋아하는 사람에게 있어 여행업은 천직일 것 같지만, 과연 그럴까? 좋아하는 것이 직업이 되면 행복할까? 아니 그것들을 일단 차치하고 여행업의 메커니즘이 1인 여행사를 흔쾌히 받아 줄 수 있을까?

**프롤로그**

내가 보기에 이들은 마치 베테랑 사냥꾼이 가득한 사냥터에 스스로 찾아온 신출내기 나무꾼 같은 느낌이 들었다. 사방에서 활이 쏟아지고 사냥감들이 몸부림치지만 정작 들고 있는 도끼조차 제대로 휘둘러볼 수 없는 그런 나무꾼 말이다. 들어와 보면 안다. 세상 어디고 만만한 데는 없지만, 여행업은 만만이라는 단어를 쓰는 것조차 잊어버리게 될 것이다. 영업부터 상품기획, 인솔, 세무까지 1인이 하기엔 숨 막히도록 버거운 일들이 신생 창업자들을 기다리고 있기 때문이다.

그럼에도 불구하고! 필자는 여행사를 적극 권한다. 특히 지금처럼 소자본으로 출발할 수 있는 초기 시장에 진입하는 것을 대환영한다. 어느 사냥터도 마찬가지지만, 사냥의 범위는 체급별로 다르다. 대형 여행사가 진입하는 곳이 있고, 중견 여행사가 진입하는 곳이 있으며, 1인 여행사가 진입하는 곳은 이제 만들어지고 있다. 새로운 시장을 개척하고 그곳에서 이름을 남긴다는 것, 얼마나 매력적인가.

더욱이 여행이다. 다른 것도 아닌 여행을 직업으로

갖는 것이다. 그 이유 하나만으로도 일단 이 세계에 뛰어든 이들에게 환영의 인사를 보내고 싶다. 그리고 그들이 이 험난한 트래블 월드에서 생존할 수 있도록 작은 지침서를 건네고자 한다. 네비게이션처럼 완벽한 것은 아니다. 어쩌면 표지판 같은 것일 수도 있다. 하지만 표지판을 향해 걷다 보면, 피할 수 있는 것들은 피하게 된다. 또 감당해야 할 것들은 미리 예방접종을 맞듯 알고 감당하게 될 것이다. 아울러 여행창업에 관한 보다 구체적인 매뉴얼은 전문가에게 따로 컨설팅을 받길 바란다. 시기상, 상황상 변동될 수 있다는 것도 함께 알려드린다.

# chapter 1

여행업,
평생직업으로
매력적이다

'나도 여행사를 해볼까'
라고 고민하는 이들과
그대들의 여행이
빛나길 바라며

# 여행사의 본질은 '공존'이다

언젠가 필자가 강의하고 있는 '1인 여행사 창업'에 등록한 한 제자는 이렇게 말했다.

"대표님, 전 여행을 좋아해 대학도 여행관련 과를 전공했고, 졸업하자마자 대형 여행사에 취직했어요. 진짜 열심히 했는데, 지금은 왜 열심히 했는지 기억도 안 나요. 그냥 직장 생활이었어요. 거기에 앉아 있으면 즐겁지 않았고 여행도 설레지 않았어요. 그래서 그만 뒀어요. 더 하다간 여행이 싫어질까 봐서요."

나는 고개를 끄덕이며 이야기를 들었다. 그리고는 물었다.

"그런데 왜 지금 내 강의를 들으려고 하죠?"

그녀는 말했다.

"전, 사람들을 위로하고 달래주는 여행 상품을 만들고 싶어요. 다녀오면 어딘가 치유되는 듯한 여행, 그래서 대표님의 노하우를 배우고 싶어서 왔어요."

그렇다. 여행을 좋아하는 사람들이 여행사를 한다. 돈을 벌기 위해서 혹은 부자가 되기 위해서 오는 사람들이 아니라, 말 그대로 여행을 좋아하는 사람들이 이곳에 뛰어드는 것이다. 그런데 한 가지를 더 생각해야 한다. 나는 그 제자에게 말했다.

"주말에 시간을 내어 1박2일 정도 국내여행을 기획하고 직접 다녀와 보세요. 힐링 여행을 컨셉으로 말이죠. 본인이 기획하고 첫 대상이 되어 보세요. 비용까지 다 책정하여 나중에 제출해주고요."

한 달쯤 뒤 그 제자가 리포트를 제출했다. 거제도를 다녀온 여행이었다. 보니, 1박2일 치고는 꽤 많은 곳을 돌아다녔다. 그럼에도 비용은 그리 높지 않았다. 그래서 물었다.

"힐링이 되던가요?"

제자는 고개를 저었다.

"이상하게 저 혼자 다녀온 건데도 치유가 된다기보다는 피곤했어요. 그것도 많이."

"당연하죠. 이 기획서에서는 당신이 생각하는 힐링이 있는 것이니까요. 당신이 생각하는 힐링이 아니라 고객이 찾는 힐링이어야죠. **여행의 기본은 '공존'입니다.**"

그렇다. **여행을 좋아해서 여행사에서 근무하는 사람들 상당수가 시간이 지날수록 지쳐간다. 왜냐하면 자신이 기획하고 싶은 여행 상품은 번번이 퇴짜를 맞기 때문이다.** 돈이 안 되거나, 손이 너무 많이 가거나, 모객이 안 되기 때문이다. 나 혼자 떠나는 여행은 나만 즐거우면 된다. 그러나 여행사는 다르다. 고객이 즐거워야 한다. 그러기 위해선 어떻게 해야 하나? 고객을 알아야 한다. 그래야 여행이 시작된다. 기억하자. 여행사의 본질은 '즐거움'이 아니라 '고객과의 공존'이 우선이라는 것을.

기억하자.
여행사의 본질은 '즐거움'이 아니라
'고객과의 공존'이 우선이라는 것을.

## 21세기, 워라밸 시대의 우리

"워라밸이라…"

어느 월요일 아침, 여행사에 출근해 책상에 앉아 중얼거렸다. 신문에 정기적으로 칼럼을 게재하고 있는데, 운전 중 라디오에서 '워라밸'에 대한 이야기가 흘러나왔기 때문이다. 디지털 시대인 21세기에서 삶을 대하는 방식은 시시각각으로 변한다. 몇 년 사이 여러 개의 단어들이 나타나고 사라졌다.

'인생은 한 번뿐이다(You Only Live Once)'를 외

치던 욜로가 21세기형 라이프스타일이라더니 어느 사이 변모했다. 이어서 나온 것이 '일과 삶의 균형(Work & Life Balance)'이라는 워라밸이다. 사실 필자는 '워라밸'이라는 단어를 오래전부터 들었고 또 해왔다. 이 표현은 이미 1970년대 후반 영국에서 개인 업무와 사생활 간의 균형을 묘사하는 단어로 처음 등장했기 때문이다. 워라밸은 일로 인해 개인의 삶이 사라진 현대사회의 틈을 파고든 단어. 쉽게 말하면 '일을 할 때는 일하고 쉴 때는 쉬자'가 핵심이다.

　유럽 등지에서는 오래전부터 자리 잡아왔지만 어디 대한민국에서 가당키나 한가. 퇴근하고도 상사에게서 날아오는 카톡과 전화, 다음날 일 지시, 이메일 업무 등 회사에서도 힘들게 일했는데 이제는 집에서도 일을 해야 한다. 모두 첨단 기술의 발전 덕분(?)이다. 얼마나 '일'의 '휴식 침해'가 심했으면 정부가 나설 정도였을까.

　고용노동부에서는 2017년 워라밸의 제고를 위해 '일·가정 양립과 업무 생산성 향상을 위한 근무혁

신 10대 제안'을 발간했다. 책자에는 '정시 퇴근, 퇴근 후 업무연락 자제, 업무집중도 향상, 생산성 위주의 회의, 명확한 업무지시, 유연한 근무, 효율적 보고, 건전한 회식문화, 연가사용 활성화, 관리자부터 실천' 같은 10가지 개선 방침이 수록됐으며 잡플래닛과 공동으로 워라밸 점수가 높은 중소기업을 평가해 '2017 워라밸 실천기업'으로 선정하기도 했다.

**국가가 나서서 '정시퇴근'을 말하는 사회라니….** 그만큼 우리 사회가 일중독에 빠져 있다는 반증이다. 그도 그럴 것이 취업문은 좁고 사람은 안 뽑는다. 업무는 산더미다. 해야 한다는 강박관념이 계속 일 언저리를 맴돌게 한다. 문제는 이렇게 일만 하다 보면 '펑'하고 터지는 날이 온다는 것이다. 계속 짓누르는데 안 터지고 배기겠는가. **이런 시대에서 여행은 사실상 치료제에 가깝다. 업무와 완전히 떨어진 공간에서 자유롭게 움직이고 돌아다니는 것, 이것을 상상하는 것만으로도 사람은 치유되기 마련이다.**

특히 워라밸에 대한 욕구나 사회적 분위기가 강해질수록 여행에 대한 관심은 덩달아 높아진다. 왜냐하면 여행은 고품격의 휴식이기 때문이다. 여행이 주는 만족감은 실로 다양하다. 그것은 일상의 그 어떤 것과도 비교하기 힘들 정도다. 평상시 스트레스를 많이 받는 한국인들이야말로 여행이라는 치료제가 필요하고, 또 그만큼 밖으로 나가려 한다. 과거 '시간과 돈이 있어 나가는 고객'에서 '머리 터지는 현실에서 벗어나 잠시 휴식을 취하기 위해 나가는 고객'이 갈수록 늘어나게 된다는 것이다. 이에 '워라밸'이 필요한 사회나 '워라밸'이 이뤄지고 있는 사회 모두 여행은 중요한 위치를 차지하게 된다.

떠날 사람이 단 1명이라도 있다면 여행사는 존재해야 한다. 그러니 여행업의 미래는 시간이 지날수록 밝은 편이다. 파이가 커지기 때문이다. 다만, 이 파이는 계속 진화한다는 것을 명심하자. 한 번도 여행을 가본 적 없는 고객은 큰 불만이 없지만, 자주 떠나본 고객은 요구하는 바가 명확해진다. 그 요구를 무시하거나 괜히 아는 척 한다고 비웃는 순간 이 업계에서 퇴출되게 된다.

여행업은 복합 서비스업이다. **고객들에게 즐거움과**

**추억의 시간을 선사하는 게 여행업이다.** 마치 이상한 나라의 앨리스에서의 토끼와 같은 존재랄까. 그러니 명심하자. 워라밸이 필요한 시대, 우리가 바로 치료제라는 것을. 다만 치료제는 진화해야만 생존할 수 있다는 것 역시 잊지 말도록 하자.

과거 '시간과 돈이 있어 나가는 고객'에서 '머리 터지는 현실에서 벗어나 잠시
휴식을 취하기 위해 나가는 고객'이 갈수록 늘어나게 된다.

여행업,
치열하지만
승산 있는 곳

"솔직히 몇 년 전부터는 창피해서 여행사 다닌다
는 이야기를 안 했어요. 친구들에게도 여행사 다닌다
고 하면 대형 여행사 이름들만 나오고, 그렇지 않은
여행사는 마치 이름없는 여행사처럼 이야기하더라구
요. 그러다가 차라리 내가 회사를 하나 차리자 해서
나왔습니다."

**1장** 여행업,
평생직업으로 매력적이다

필자에게 1인 여행사 창업 강의를 듣는 30대 후반의 남성이 했던 말이다. 여행사에서 근무하는 게 창피하다는 이야기를 처음 들어서 다소 당황했었다. '아 그런가? 그렇다면 내 직원들도 이런 생각을 갖나?'라는 생각이 미치자 곧바로 회식자리를 마련했다. 개인적으로 여행업계 최고연봉에 최고 대우를 해주면서 프리하게 회사를 운영한다고 했는데, 직업에 대한 자존감이 바닥이라면 문제 아니겠는가. 내가 행복하지 못한데, 고객에게 행복을 전할 수는 없는 노릇이다. 회식자리에서 슬며시 물어봤는데 다행히 (어쩌면 내가 있어서 그런지는 모르겠지만) 그 제자처럼 생각하지는 않는 모양이었다.

하지만 조금만 시야를 넓혀보면 여행업에 종사하는 사람들의 자존감이 바닥인 모습을 쉽게 찾을 수가 있다. 필자는 트렌드 파악을 위해 시간 나는 대로 인터넷을 검색하거나 다양한 칼럼을 읽어본다. 그런데 얼마 전 모 여행신문에서 나온 칼럼에 한숨을 내쉰 적이 있었다. 그 칼럼은 첫 구절이 이러했다.

'동료나 친척, 지인들에게 여행사에 다니는 것에 대해 잘 이야기를 하지 않는다는 말을 종종 듣는다. 여행업 초창기도 아니고 요즘처럼 업계 위상이 높아진 시점에도 창피스럽게 생각하는 이들이 많다는 사실에 새삼 놀라움을 금치 못한다. 이는 일반인들의 눈에는 여전히 여행사가 동네 구멍가게 정도로 하찮게 보인다는 방증인 셈이다.'

중견 여행사를 운영하는 필자로서는 굉장히 도발적인 문구에 자연스럽게 눈이 고정됐다. 칼럼이 논증으로 내놓은 것은 자사의 설문조사였다. 해당 신문사가 여행업계 직원들을 대상으로 업계 만족도에 대한 설문조사 결과, 업계 종사자들이 바라보는 우리나라 여행업의 미래에 대한 비관적인 견해가 무려 60%에 달했다는 것이다.

왜 그럴까. 이것이 꼭 여행업이어서 그럴까. 아니다. 여행업이어서가 아니라 우후죽순 늘어나는 업체가 직원들에 대한 정당한 대가를 지불하지 않고 있기 때문에 그런 것이다. 더욱이 자존감을 지킬만한 상품을 기획해서 팔기보다는 '무조건 싼' 상품들이나 만들어내는 여행사들이 많아서다.

직업에 대한 자존감은 일단 일에 대한 정당한 대가를 받는 것에서부터 시작한다. 노력하고 애쓴 만큼의 결과를 돌려받는 것은 현대사회에서 당연한 일 아닌가. 그것이 안 되면 자연스럽게 직업에 대한 실망으로 이어진다. 여행업은 쉬운 곳이 아니다. 정말 치열한 경쟁을 요하는 곳이다. 물론 세상에 쉬운 곳이 어디 있겠는가마는 내가 몸을 담아보니, 건전한 경영을 하는 것 자체가 버거울 때가 종종 있다. 필자도 여행업에 들어와 3년은 계속 적자에 시달리기도 했다. 1인 여행사도 마찬가지다. 처음에는 어려울 것이 뻔하다. 지금도 소규모 여행사는 개인 카드로 적자 막기 급급하다. 여기서 우리는 근본적인 물음을 던져보자.

### '내가 왜 여행사를 하고 있는가?'

치열하고 수천 대 일의 경쟁을 해야 하는 이 업계에 내가 왜 발을 들였나? 이 질문에 대한 답이 '큰돈을 벌기 위해서'라면 다시 생각해보는 것이 좋다. 지금 여행업계는 그야말로 하루하루 생존을 건 전쟁이 곳곳에서 벌어지고 있다. 돈만을 쫓다보면 처음 몇 번은 저가 여행으로 벌어들일 수 있겠지만 이내 몇 배의 타격으로 나에게 돌아온다. 고객에게 여행의 즐거움과 삶의 여유를 주는 것이 여행이다. 이것을 최우선으로 하지 않으면 버틸 수가 없다.

그렇기 위해서는 초기 적자는 어쩔 수 없는 현상이기도 하다. 내 여행사를 사람들이 알지 못하기 때문이다. 이런 점에서 1인 여행사는 다른 곳보다 낫다. 일단 나갈 인건비가 없기 때문이다. 필자처럼 몇 년까지는 아니더라도 몇 달의 적자를 버티면서 좋은 상품을 찾아내고 개발해 고객을 유치한다면, 필경 길이 열리기 마련이다. 그렇게 가다 보면 자긍심도 생기고 자존감도 높아진다.

우리의 직업은 수준 높은 레저의 핵심에 서 있다. 그 수준 높은 레저를 스스로 깎아 내리지 않는다면, 노력은 보답을 받게 된다. 그렇기에 나는 여행업을 시작하는 사람들에게 이렇게 말한다.

"이곳은 정말 치열합니다. 단기간에 무언가를 얻기

는 힘들지 모릅니다. 그러나 **본질적인 질문에 대한 답을 놓치지 않는다면 무조건 성장은 하게 됩니다. 본질적인 질문이요? 내가 왜 여행업을 선택했느냐죠. 그것에 대한 제대로 된 답을 먼저 만드세요.** 그 다음 뛰어드십시다."

**1장** 여행업,
평생직업으로 매력적이다

"이곳은 정말 치열합니다. 단기간에 무언가를 얻기는 힘들지 모릅니다. 그러나 본질적인 질문에 대한 답을 놓치지 않는다면 성장은 무조건 하게 됩니다. 본질적인 질문이요? 내가 왜 여행업을 선택했느냐죠. 그것에 대한 제대로 된 답을 먼저 만드세요. 그 다음 뛰어드십시다."

# 여행업의 매력?
# 헤어나오지 못할 걸

어느 직업이든 매력적인 부분이 한 군데씩은 있다. 하지만 여행업에서는 매력없는 부분보다 매력적인 부분이 훨씬 더 많다. 다만 못 찾아서 그럴 뿐이다. 물론 일반인들이 생각하는 낭만적인 여행업은 지구 상에 존재하지 않는다. 마치 날마다 소풍을 떠나는 기분이 들 것이라든가, 동심을 찾을 수 있다든가, 나의 삶을 동시대 다른 공간과 시간에 두고 거기 사는 사람들 사이에 서 있는 여러 개의 나를 투영해보는 아름다움을 거의 매번 맛볼 수 있다는 것 말이다.

물론 그런 경우가 없지는 않으나, 사실 그런 것을 마주하는 경우는 많지 않다. 그래서 우리끼리는 '보기엔 천국이나 경험해보면 천국을 떠받치는 일'이라고 말한다. 왜냐하면 우리는 동심, 일상의 휴식, 존재감, 자아 찾기, 해방감, 자유라는 단어를 주는 사람이지, 우리가 갖는 사람이 아니기 때문이다. **즉, 우리는 인문적 서사를 최소비용과 최대효과로 제공하는 사람이다.**

아울러 평소에 여행업을 플랫폼사업이라고 말한다. **여행자들이 원하는 새로운 도시, 새로운 여행 경험을 제공하고 끊임없이 창출해야 한다.** 비단 창출에서 멈추는 것이 아니라 그것을 고객들에게 확신과 자신감을 가지고 전달해줘야 한다. 그렇다 보니 다양한 스타트업이 시작되고 사장된다. 예를 들어 공유주방을 활용한 여행서비스, 반려동물과 함께 하는 여행, 건축·역사·음악·미술 등 전문가 오디오가이드 투어, 미슐랭·로컬맛집 트립 같은 수백 개의 새로움이 만들어지고 또 조용히 사라진다.

그럼에도 여행업은 매력적이다. 먼저 큰 비용이 들지 않는다. 사무실과 사람만 있으면 창업이 가능한 직업이다. 대한민국에 상당수의 여행사는 3명 이내로 운영된다. 또 가족, 친지들과 하는 경우도 많다. 비용 소모 역시 전세기나 하드블록(비행기 좌석 대량 구매) 등에 눈을 돌리지만 않는다면, 가늘고 오래 갈 수 있기는 하다. 이 경우 크게 벌지 못하지만 리스크는 확 줄일 수 있다. 그리고 인맥활용에 있어 욕을 안 먹는다.

하지만 여행상품은 신뢰제다. 주변 사람을 통해 소개할 수도 있고 오히려 추천을 받을 수도 있다. 저렴한 상품이 있다면 꼭 문자, 카톡을 넣어달라는 당부까지 받는다. 여기에 아주 커다란 실수가 없다면, 이번에 간 인맥은 다음에도 활용할 수 있다. 단골 만들기가 쉽고 재구매도 이루어지기 쉽다는 이야기다. 어떤 영업이든 단골이 많은 곳은 살아남는다. 특히 여행업은 항공권이나 패키지 상품에 몇 개 이상의 단체를 받으면 1년은 버틸 수 있다. 소규모 여행일수록 더욱 그러하다. 인맥이 좋은 사람이 성공하기 쉬워지는 업종인 셈이다.

무엇보다 여행업은 대박의 가능성이 항상 존재한다. 기본적으로 이 업계의 현실은 가격경쟁에 따른 박리다매의 상품 구성, 경기나 외부 요인에 민감한 분야다. 당연히 수입이 안정적이지 못하지만, 전세기나, 하드블록 등이 제대로 분위기와 맞아 떨어지면 고수입이 발생한다. 만약 TV에서 특정 여행지가 뜨고 있는데, 내 여행상품 중에 그쪽 전세기가 확보되어 있거나 대량 항공권이 있다면? 그야말로 기대 이상 수익이 발생하는 셈이다.

더욱 매력적인 것은 이런 대박을 2~3명만으로도 만들 수 있다는 점이다. **그러나 뭐니 뭐니 해도 가장 큰 매력은 '나도 떠날 수 있다'는 것이다.** 여행업 종사자들은 호텔, 항공사들의 지원으로 많은 여행지를 둘러볼 수 있다. 또 그게 당연하다. 그게 좋아서 여기에 뛰어든 사람도 있다. 여행을 좋아한다면 가장 좋은 직업이 아닌가. 가고 싶은 곳에 가고, 안 가본 곳에도 가고, 갔는데 좋았던 곳을 다시 가고.

만약 여기에 외향적이며 활발한 성격이라면? 전 세

계에 친구가 생긴다. 그야말로 파리의 친구와 페이스북으로 통화하고 뒤이어 러시아 친구와 보드카 마시기 약속을 잡는다. 생각만 해도 짜릿하지 않는가. 더하여 업무에 여유도 있다. 여행업은 성수기와 비수기가 명확하다. 성수기 때 정신없이 보냈다면 비수기에는 여유를 만끽할 수 있다. 마치 방학처럼 말이다.

이에 어떤 1인 여행사는 성수기에만 운영하고 비수기에는 홈페이지만 돌리는 경우도 있다. 물론 단골 고객을 많이 확보했을 때 이야기다. 그러나 난 성수기보다 비수기를 즐기는 방법과 비수기에 기업연수, 워크숍 단체, 계모임 유치를 한다. 일단 성수기, 비수기의 바쁨과 여유를 맛 본 사람이라면 여행업을 벗어날 수 없다. 성수기 때는 충만함을 느끼고 비수기에는 여유와 자유를 느낄 수 있기 때문이다. 사무실에만 앉아 있는 직군이 절대로 맛 볼 수 없는 아주 달콤한 맛이다.

# 경험을 파는 시대, 무엇을 팔 것인가

　　낭만적으로 이야기하자면, 여행업에 뛰어들어 CEO가 된다는 것은 참으로 매력적인 일이다. 물론 시장의 경쟁 속에서 치열하기도 하고 업무에 치이기도 한다. 쉬운 일이 아니어서 그야말로 진이 다 빠지긴 하지만 그럼에도 불구하고 막상 한국을 벗어나 세계로 향할 때면 늘 두근거린다. 머리와 심장이 여행을 즐기기 때문이다. 사실, 여행을 싫어하는 사람은 그다지 없다. 혼자 있는 것을 좋아하는 이들도 여행의 길에 올라서면 무언가를 배우고 깨닫고 즐기기 마련이다. 낙천적이고 쾌활한 이들만 여행을 즐기는 것은 아니다. 조용하고 사색하길 좋아하는 사람들 역시 여행에서 많은 것을 얻는다.

그리고 우리는 그런 여행을 만들어내는 사람들이다. 만약 파울로 코엘료의 '순례자'를 읽고 흠뻑 감동에 젖었다고 해보자. 다른 직종에 있는 사람들은 그 감동을 지식화하거나 사람들과의 대화 소재로 쓸 것이다. 어쩌면 자신을 성장시키는 지식적 자양분으로 활용할 수도 있다. 하지만 우리는 다르다. 책을 읽은 감동이 채 가시기도 전에 지도를 편다. 순례자의 시작과 끝을 색연필로 그어놓고 이곳을 짧은 시간 안에 경험할 수 있는 스케줄을 고민한다.

주인공이 들렀던 곳, 사람들과 대화에서 깨달음을 얻었던 곳, 혹은 힘들었던 곳 등을 표시하고 어떤 방식으로 그 길을 갈 것인지를 정한다. 일을 만들어서 하고 있지만 즐거운 일이기도 하다. 마침내! 며칠 집중 끝에 순례자의 핵심 포인트를 경험하는 코스를 만들 수 있다. 그럼 이제 이것을 세상에 내어놓는다.

**'파울로 코엘류의 순례자를 만나러 가는 길'**
○박 ○일 스페인 투어


순례자를 읽은 이들이 솔깃할 카피와 프로그램을
공개하는 것이다. 또는 대학교 동아리, 종교 단체 등
을 돌아다니며 홍보한다. 이윽고 사람들이 모이면 현
지로 떠난다. 이동 과정에서 설명을 덧붙인다.

"저 곳은 주인공이 무엇을, 어떻게 했던 곳입니다.
소설을 펴보시면 몇 페이지에 나와 있습니다."

이미 책자는 여행 전 나눠준 상황이다. 모인 사람
들은 다 책을 읽은 사람들이겠지만, 그럼에도 활자로
된 배경을 직접 보는 것은 또 다른 낭만이요, 기쁨이
다. 그때 밀려오는 감동은 고객들 뿐 아니라 여행을
기획한 나 자신에게도 충만 그 자체가 된다. 생각해
보라. 여행업에 뛰어든 우리에게 주는 최고의 감동은
바로 '창작'이다. 소설을 현실화하는 창작 능력, 혹은
머릿속에 있던 것들을 눈앞으로 꺼내오는 창작력.

그것은 한 생을 살아가면서 좀처럼 갖지 못하는 만
족감과 충족감을 주는 행위이며 나아가 내 마음을

넓힐 수 있는 커다란 자양분 그 자체다. 뛰어난 숙련가는 기술과 노하우를 파는 것이며, 숙련가가 아니더라도 많은 이들이 자신이 보고 배운 것을 팔아 생존한다. 이른바 경험을 파는 것이다. 더욱이 21세기는 4차 산업의 시대라고 한다. 모든 사물이 융합하고 새로운 것을 만들어내며, 인공지능의 역할이 커진다. 하지만 인공지능이 여행의 감동을 주지는 못한다. 저가 여행도, 고가 여행도 모두 끝에서는 우리에게 즐거움과 감동을 남긴다.

**여행업에 뛰어든 우리는 '감동 전달자'이기도 하다.** 무엇인가를 팔아서 생존하는 자본주의 시대에서 우리가 파는 것은 다름 아닌 즐거움과 감동인 것이다. 우리는 때로 가족 간 화합을 만들어내기도 하고, 사랑의 매개체가 되기도 하며, 성찰의 시간을 만들어주는 이가 되기도 한다. 푸른 하늘을 보여주는 이들이며 녹색 바다를 품에 안겨주기도 한다. 고대의 문화를 끌어오고, 최첨단 도시에 데려다 주기도 한다.

우리는 앨리스를 인도하는 토끼이며, 도로시를 안내하는 양철 나무꾼이기도 하다. 우리는 감동을 팔고, 즐거움을 내주며, 시간을 창조한다. 이것만으로도 충분히 여행업에 뛰어들 요소는 된다. 물론 이런 낭만적인 이야기야 현실이라는 벽 앞에 부딪힌 이들이 듣기에는 다 배부른 소리겠지만, 절대 그렇게 생각하지 말자.

　어떤 일을 하기 전 '동기'라는 것은 매우 중요하다. 다만 그 동기가 현실적일수록 좋다고 말하는 것에 대해서는 동의하지 않는다. 때로 동기는 아주 단순하기도 하고, 낭만적이기도 하다. 글을 쓰는 작가에게 왜 글을 쓰냐고 물어봤는데 "돈 벌려구요."라는 답을 들었다면? 우리가 그 작가의 작품에 감동을 느낄 수 있을까. 아니 나아가 그 작가는 정말 우리에게 감동을 줄 수 있을까.

　여행업을 이끌어나가는 행위 역시 현실적이라 하더라도, 그 동기는 감동이었으면 한다. 먹고 살기 위해서 뛰어든 여행업자에게 고객들이 과연 감동을 받을 수 있을까? 그러니 여행업에 뛰어들고자 하는 이들이 있다면 남에게 밝힐 수 없을 정도로 낭만적인 동기를 가져보자. 생각만 해도 두근대고 그 동기를 떠올리는 것만으로도 행복해지는 그런 것 말이다. 내가 그런 마음이어야 고객들에게도 감동을 전달할 수 있지 않을까. 나는 가끔 흥분과 설렘을 고객과 공유한다. 그리고 같이 즐기고, 같이 행복해하고, 같이 하나가 된다.

**우리는 감동을 파는, 혹은 감동을 전달하는 중간자다.** 그거면 충분히 이 계통에 뛰어들만한 이유가 되지 않을까.

# 정년 없는 직업을 찾는다면

100세 시대다. 실제로 지금 시대는 육체노동 정년도 늘어났다. 전국을 떠들썩하게 한 일명 '정년연장 대법원 판결'이다. 이제는 특별한 사정이 없는 한 만 60세를 넘어 만 65세까지도 가동할 수 있다고 판단했다. 판결 하나로 대한민국의 보험 체계, 수당 체계 나아가 정년 체계까지 뒤틀리고 있다. 사실 지금 우리가 살고 있는 시대는 노년이 위험한 시대다. 생명은 늘어났는데, 일하는 시간은 오히려 줄고 있는 것이다. 일을 해야 먹고 살 수 있는 서민들에겐 일을 할 수 없는 노년은 그야말로 고통 그 자체다.

김현정 저자의 《정년 없는 프로페셔널》에는 몇 명의 현역들이 등장한다. 이 책은 높이 올라가는 것이 아닌 오래 일하는 것의 중요성에 대해 강조하고 있다. 강창희(미래와금융 연구포럼 대표, 전 미래에셋 부회장) 씨는 연구포럼을 만들고는 "이제 100세를 살아야 합니다. 40년을 한가하게 보내는 것은 쉬운 일이 아닙니다. 돈, 건강, 생의 의미 등 다양한 이유로 일해야 합니다. 높이 올라가는 것보다는 오래 일하는 것이 더 중요한 시대가 됐어요."라고 한다.

또한 윤운중(도슨트, 전 삼성전자 연구원) 씨도 주목할 만하다. 그는 "쉬지 않고 12년을 정말 열심히 일했습니다. 현실적으로 사장이 되기는 힘들고, 외환위기 때 회사 분위기가 바뀌면서 고민이 됐어요. 이제 단순히 밥을 먹고사는 것보다는 삶의 의미나 보람을 생각해야 할 때가 되지 않았나 싶었어요."라고 한다. 사장이 아니면 어차피 다 똑같다는 것이다.

더 놀라운 사람도 있다. 신상목 씨다. 우동집 대표

인데 놀랍게도 전직은 외교관이다. 신 씨는 "외교관이라고 잘난 체해봐야 내가 사회에 창출하는 가치나 행복이 얼마나 될까 하는 생각이 들었어요. 관료 사회에서 내가 아니면 안 되는 일은 없어요. 나만의 색깔을 주장하는 건 금기죠. 외교관이 사회에 미치는 영향은 막대하지만 몸을 부대끼며 느끼는 가치 창출의 장을 원했어요. 내 몸을 움직여 행복을 파는 일을 하고 싶었습니다."라고 말한다. 즉 조직에서의 '나'는 내가 아니기에 원하는 일을 하고 싶어 나왔다는 것이다.

창의력의 전쟁터인 광고회사에서 전성기를 누린 심승경 씨는 빠빠메종공방 대표가 됐다. 그는 "광고회사 아트디렉터로 절정을 누렸어요. 큰 자금이 집행되고 많은 인력이 투입되는 프로젝트 핵심 콘셉트를 잡아가는 뿌듯함도 있었죠. 하지만 매순간 시대를 관통하는 생각을 내놓아야만 선택받을 수 있는 업계에서 절정의 순간은 그리 길지 못했죠. 미련 없이 월급과 인연을 끊었습니다."라고 했다. 선택받아야 하는 치열한 삶이 그에게는 그리 행복한 것은 아니었던 듯하다.

나는 이렇게 은퇴를 앞두고 있거나 혹은 은퇴를 한지 얼마 지나지 않은 사람들을 만나면, 일단 여행을 다녀보라고 권한다. 그냥 여행이 아니라, 1인 여행사를 염두에 둔 여행 말이다. 나이가 들면 여행 인솔자를 하기엔 벅차다는 생각이 일반적이다. 맞는 말이기도 하고 틀린 말이기도 하다. 왜 여행 고객이 젊을 것이라고만 생각하나? 실버 세대를 위한 여행을 만들고 본인이 그 여행을 주관한다면 그것이 바로 맞춤형 여행 아닐까?

여행의 범주는 다양하고 무궁무진하다. 실버 세대를 위한 여행은 지금으로서는 저가의 저품질 여행이 태반이다. 이들을 위한 트레킹 여행(코스를 줄이고 자주 쉴 수 있는)을 구상하거나 해외여행의 경우 코스를 여유롭게 잡는 여행을 만든다면 틈새시장을 손쉽게 파고 들 수 있다. 즉, 여행업은 체력과 젊음이 꼭 필수 불가결한 업종이 아니라는 것이다. 여행을 좋아하고 거기에 맞춰 계획을 짜고, 고객 그룹을 유지할 수 있다면 언제든지 할 수 있다.

또 중년이라면 더 좋다. 체력이 있으니 더욱 돌아다니고, 참신한 아이디어로 여행기획을 만들면 된다. 이곳은 도전할 것이 다양하다. 준비는 단단히 해야겠지만, 나이로 차별을 하는 곳은 아니다. 서비스업이니, 사람에 대한 봉사와 섬김을 갖춘다면 더 이상 마음의 준비도 필요 없다.

언제까지 정년의 공포나 명퇴 스트레스에 시달릴 것인가. 본인들도 알고 있을 것이다. 영원한 것은 없다고. 그렇다면 **망설일 이유도 없다. 여행을 좋아하는 사람이라면 도전해보자. 어차피 여행이라는 것도 그런 것 아닌가. 알고 가기보다 모르고 가야 더 짜릿한 풍경을 만나는 것처럼** 이곳에서도 그런 즐거움을 누릴 수 있는 상황이 그대를 기다리고 있다.

# 지금이 1인 창업에
# 적기다

소셜미디어들의 여행기가 이제는 하나의 장르로 자리를 잡고 있다. 종류도 다양하다. 단순 여행지 소개에서 도시 여행, 배낭여행, 현지 살아보기, 럭셔리 여행, 퍼스트 클래스 타보기 등 우리가 궁금하고 또 생각지도 못했던 방향들을 찾아내 글과 영상으로 소개하고 있다. 이런 흐름은 여행의 트렌드도 바꿨다. 이른바 개별여행이 여행의 주된 상품으로 등극하고 있는 것이다.

과거 해외여행이라고 하면(국내여행까지도) 패키지여행이 기본이었다. 그외 여행은 거의 패키지의 약간 변형 형태일 따름이었다. 하지만 지금은 다르다. 관련 업계에 종사하는 필자가 피부로 확연히 느껴질 정도다. 실제로 한국여행업협회에 따르면 지난 2018년 상반기 국내 여행사 패키지 판매실적은 499만 9,000여 명으로 전년 대비 1.4% 감소했다. 전체 출국자 수는 200만 명이 늘었지만 오히려 패키지여행객은 줄어든 것이다. 반면 개별여행 실적은 469만 명으로 전년보다 50만 명가량 증가했다. 단체여행은 사라지고 개별여행이 늘어난 것이다.

왜 이럴까. 일단 떠나는 것에 대한 부담이 없어졌다. 과거에 해외여행은 큰 행사이자 여러 고민을 거쳐야만 가능한 이른바 빅이벤트였다. 그러나 지금은 제주도로 떠나는 것과 별 차이가 없다. 가방 하나 둘러메고 떠나면 그만이다. 이는 2030 밀레니엄 세대가 돈을 벌면서 더 극명해지고 있다. 이들은 서로 모르는 사람 여러 명과 빡빡하게 짜인 일정을 소화하는 단체 패키지여행 자체를 거부한다. 이들에게 해외여행은 단순히 새로운 곳을 보는 것이 아니라 휴식과 새로운 경험을 즐기는 것이기 때문이다.

이것은 대형 여행사에게는 일정 정도의 타격을 주지만 소규모 여행사에게는 오히려 기회가 된다. 차별화된 상품을 만들어도 처다보지 않던 과거와 달리, 상품이 괜찮다면 수요가 있게 된 것이다. 이런 흐름을 발 빠르게 눈치 챈 국내 주요 종합여행사들은 최근 개별여행플랫폼 사업으로 정면 승부에 나섰다. 국내 1위 여행사로 알려진 만큼 하나투어도 개별여행에 포인트를 맞추고 있다. 일각에서는 여행사들의 새로운 시도가 기대도 되지만 개별여행플랫폼 분야도 곧 포화 상태가 될 것으로 예측하고 있다.

아닌 게 아니라 마이리얼트립, 와그 등 국내 업체뿐 아니라 클룩, KK데이 등 외국 업체까지 현재 10여 곳의 액티비티 플랫폼이 경쟁을 벌이고 있다. 이들 모두 개별여행에 초점을 맞추고 있다. 이런 상황에서도 소규모 여행사의 약진을 예측하는 이유는 간단하다. 덩치가 작은 업체일수록 환경 적응이 쉽기 때문이다. 큰 여행사는 광고라는 매개체를 통해 접근한다. 하지만 소규모 업체는 인맥과 소셜미디어라는 아주 달콤한 마케팅의 전장이 있다. 살펴보면 국내 여행사들의 패키지 시장이 위축된 배경엔 가격경쟁만을 염두에 둔 질 낮은 덤핑(초저가 여행) 상품 난립이 있었다. 대형 여행사까지 끼어든 질 낮은 덤핑 상품은 여행의 가치를 하락시켰다. 아울러 소규모 여행사에 대한 어려움으로까지 이어졌다.

그것이 이제는 소비자들에게 외면을 받고 있다. 불량식품이 만연한 상황에서 제대로 된 음식을 먹고 싶어 하는 것이다. 흐름이 이렇다면 소규모 여행사는 '원 테이블 전략'으로 도전할 수 있다. 셰프가 직접 앞에서 요리해주는 '원 테이블'은 예약제이면서 완벽한 고객 맞춤형 음식점이다. 여행 역시 마찬가지다. 수익을 약간 줄이더라도, 개인 여행자들에 대한 상담과 지원, 현지인 연결 등을 통해 입소문에 오른다면 그 자체로도 인기를 끌 수 있다.

나아가 특정 수요층을 겨냥한 테마 상품과 질 높은 여행상품은 그 생명력이 길다. 대형 여행사가 만드는 이런 상품들은 구색 맞추기의 상품이 상당하지만, 소규모 여행사는 처음부터 '럭셔리 여행'을 내세운다든지 '맞춤 여행'을 내세울 수 있다. 사실 여행 가격 덤핑은 이제 더 이상의 메리트가 없다. 2018년 한국관광공사와 한국소비자원, 한국여행업협회(KATA)는 패키지 상품을 이용하는 여행객들의 불만을 개선하기 위해 '국외여행상품 정보제공 표준안'을 마련했다. 여기에는 국내여행사 17곳이 상품가격부터 쇼핑과 선택 관광, 가이드와 기사 경비별도 여부 등에 관한 정보를 명시하고 있다.

자, 여행시장의 무대가 펼쳐졌고 아이디어의 싸움이 시작됐다. 과거의 전장은 이제 의미가 없어졌다. 당신의 여행을 화폭에 그릴 수 있는 시대가 된 것이다. 나만의 색깔, 나만의 붓칠로 여행을 디자인해보자. 이것은 앞에서 말했듯 기회의 또 다른 이름이다. 어떤가. 도전해보고 싶지 않은가?

소규모 여행사는 '원 테이블 전략'으로 도전할 수 있다. 세프가 직접 앞에서 요리해주는 '원 테이블'은 예약제이면서 완벽한 고객 맞춤형 음식점이다.

# 다시
# 가슴 뛰는 삶을
# 살고 싶다면

필자가 운영하고 있는 알지오투어는 현재 광주·전남에 14개의 지사를 두고 있다. 정확히는 지점 개념이기보다 프랜차이즈 개념이 강하다. 처음에는 1인 여행사를 꿈꾸는 이들에게 강의하는 선에서 출발했는데 도움을 주다 보니, 생각보다 손이 많이 가는 것이었다. 그래서 차라리 우리가 지원을 해주고 스스로 운영을 해본 다음 독립시키는 것이 낫겠다는 생각에서 법인등기부에 지점으로 프랜차이즈화 해두었다. 생각보다 일이 늘어나서 관리하고 지원해야 할 일이 많기는 하지만, 사실 이들의 성장을 지켜보는 재미도 쏠쏠하다.

세계여행 전문가 과정도 따로 운영하고 있지만 그 것은 나중에 소개하기로 하고, 이번 장에서 하고 싶은 이야기는 1인 여행사가 '과연 얼마를 버느냐'이다. 가장 많이 들은 질문이기도 하고, 매우 민감한 질문이며 답하기 어려운 질문이기도 하다. 결론부터 말하자면 상황별, 사람별에 따라 천차만별이라는 것이다. 필자 회사의 전문인솔자를 맡고 있는 제자 겸 한 1인 사업자는 지난해 8월부터 11월까지 3개월간 29일 여행지로 떠났으며, 총 6팀을 안내했다. 인원은 130명이다. 총 상품가에서 여러 비용을 제외하고 남은 수익은 668만 원이었다. 여기에 본인이 한 번도 가보지 않았던 여행지를 공짜로 간 것이고 10개 나라에 대한 여행경비는 1,100만 원 정도였으니 수익은 3개월간 1,800만 원 정도 된다고 볼 수 있다.

이보다 더 멋진 일이 어디 있을까. 특별히 교육을 받은 것도 아니고 그가 고객이 무엇이 필요한지 빠르게 섬기고 감성 터치를 한 것이다. 초보자 치고는 나쁘지 않았다. 본사의 지원이 있었지만, 결국은 자신의 노력에 의해 올린 첫 여행업 수익이라는 점에서는 더욱 그렇다. 얼마를 버느냐는 자본주의 사회에서 매우 중요하다. 벌어야 살기 때문이다. 그러나 손쉽게 벌어들이는 일은 결코 없다. 무언가의 책임이 필요하다. 사업자는 나에게 강의를 듣고 이제 막 출발한 사람이다. 여러 시행착오를 겪고 더욱 발전할 수도 있고, 아닐 수도 있다. 다만 한 가지 알아둘 것은 너무 겁먹지 않았으면 좋겠다는 것이다. 여행업을 하겠다며 강의를 듣는 이들 중에 생각보다 많은 사람들이 두려움을 지닌다.

"이거 정말 돈이 될까요. 제가 여행을 좋아해서 하는 것이긴 하지만."

필자가 신이 아닌 이상, 명확한 답은 줄 수가 없다. 그럼에도 확고한 답은 이것이다.

"제대로 된 매뉴얼로 시작해서 절차와 규칙을 준수한다면, 그렇게까지 겁먹지 않아도 됩니다. 정 불안하시면 제 여행사와 협약을 맺으셔도 되구요."

사업은 쉽지 않다. 필자는 여행업에 들어와 3년은 적자였다. 그때는 알지 못했지만 지금은 알게 됐다. 그래서 사람들에게 나와 같은 경험을 하지 말라고 말해주고 있다. 그렇다고 해서 실패를 안 하는 것도 아니다. 인생에서 위기는 정말 다양한 모습으로 찾아오기 때문이다. 그럼에도 불구하고 나는 여행업에 뛰어든 사람들에게 박수를 쳐주고 싶다. 이곳은 여러분의 가슴을 뛰게 하는 최적의 장소이기 때문이다.

사실 필자의 여행 상품은 싸지 않다. 가격으로 승부하지 않는다. 언론사의 표현으로는 국내 여행사를 양분하고 있는 굴지의 대기업 두 개보다도 비싸다고 한다. 다른 중소여행사가 가격을 깎고 현지에서 옵션, 쇼핑으로 수익을 채우려는 것과는 정반대다. 더욱이 직원들의 복지에도 신경을 쓴다. 알지오투어 직원들은 지역 여행업계에서 최고 대우를 받는 급에 속한다. 1년에 한 번씩 해외여행을 보내주고 회식은 수시로 한다. 인센티브도 세다. 당연히 이직률이 거의 없다. 동종 업계의 이직률이 40%를 훌쩍 넘는 것에 비하면 거의 가족 같은 분위기다.

왜 이럴까. 여행업은 파는 사람도, 사는 사람도 행복해야 하기 때문이다. 필자가 파는 여행은 누구라도 '인생에서 단 한 번 경험하는 기분 좋은 기억'이라는 것에 모든 초점이 맞춰져 있다. 손님이 자신의 여행 프로그램에 동참했을 때 기쁨과 감동을 얻지 못한다면, 손님과 하나가 되지 못했다고 생각한다. 즉 일터를 사역장으로 생각하며 섬김과 봉사를 다한다는 마인드로 여행사를 운영하고 있는 것이다. 나와 같이 여행을 떠난 고객들은 다녀와서 받는 게 있다. 바로 여행지에서 필자가 고객들을 찍은 사진으로 만든 앨범이다. 사진을 찍어주며 하나가 되고 친해지면서 다녀와서는 단 한 사람, 본인만을 위한 앨범을 제작한다.

필자는 여행업에 몸담으면서 가장 중요하게 생각하는 것이 바로 **'고객이 무엇을 좋아하는가?'**이다. 이 질문을 하루에도 수십 번씩 던지고 그 해답을 찾는다. 그러다 번뜩하고 무언가를 찾으면 가슴이 뛰기 시작한다. 내가 생각한 여행의 길에 고객들의 미소가 겹쳐지는 광경이 그려지기 때문이다. 여행은 떠나는 이들에게 또 다른 자신을 만나게 해주는 과정이다. 그리고 그것을 만들어내는 우리 역시 매번 새로운 나를 만나게 된다. 이것만으로도 가슴 뛰고 행복한 일이다. 여기에 제대로 된 여행사라면 분명히 수익은 발생한다. 초창기 적자였던 필자 역시 지금은 한 해 상당한 세금을 낼 정도로 흑자를 내고 있다. 그러니 다시 한 번, 가슴 뛰는 삶을 살고 싶다면 겁 없이 이곳으로 뛰어들길 바란다. 부딪혀 보면 행복해진다. 마치 여행처럼 말이다.

CE[...]

TRAVEL & ST[...]

# chapter 2

## 내가 나를
## 고용한다
## '1인 기업'

1인 기업은 엄청난 기회다.
신흥 백만장자들은
하나같이 자신의
지적자산을 자본으로 해서
소규모 기업 운영을 통해
부를 축적한 사람들이다.

# 내가 나를 고용한다 '1인 기업'

요즘 자신이 가진 지적 자산을 활용해서 연구소 형태의 기업을 설립하는 분위기다. 정확히 1인 기업이란? 자신의 전문성을 서비스로 제공하면서 가치를 창출하는 회사를 말한다. 주요 생산품목이 자신의 '전문지식'이며 대표자를 포함하여 종사자가 1명 이상인 기업을 지칭한다. 프리랜서와의 차이점은 1인 기업은 일의 통제권을 가지고 있다는 점이다. 통제권이 없거나 용역을 받는 입장이라면 프리랜서로 분류한다.

지금 대한민국은 대부분의 분야에서 출혈경쟁이 벌어지고 있다. 골목 구석구석까지 무한경쟁의 시대다. 빵집, 커피숍, 미용실마저 대기업 자본력을 바탕으로 프랜차이즈들이 뛰어들고, 힘없는 자영업자들은 이들 앞에서 간신히 버티고 있을 뿐이다. 이 같은 위기에서 1인 기업은 위험한 듯하지만, 어떤 면에서 엄청난 기회다. 이렇게 치열한 경쟁사회임에도 10년 전보다 백만장자의 탄생이 몇 배나 늘어난 것이다. **신흥 백만장자들은 하나같이 자신의 지적자산을 자본으로 해서 소규모 기업 운영을 통해 부를 축적한 사람들이다.**

윤석일 작가는 1인 기업은 대기업이 따라오지 못하는 틈새시장을 신속한 의사결정 능력과 과감한 실행력으로 선점할 수 있다고 강조한다. 특히 1인 기업에서 판매 상품은 '나의 지적재산'이다. 지식의 재가공 능력은 제조업의 어떤 제품보다 절대적으로 높은 가격으로 매겨질 수 있다. 가장 효율적인 생산설비도 원자재 투입, 가공, 유통, 판매 등의 복잡한 단계를 거치지만, 지식 콘텐츠를 바탕으로 한 제품은 콘텐츠 개발 능력과 인터넷 활용 능력만 있으면 얼마든지 구축할 수 있다.

무엇보다 1인 기업의 묘미는 지적 콘텐츠를 접한 고객들이 나를 다시 찾게 되는 선순환이 이뤄진다는 점이다. 이럴 경우 은퇴나 퇴직이란 말은 사라진다. 1인 기업의 매력은 무점포, 무자본, 무직원이다. 무점포라고 해서 점포가 아예 없는 것이 아니지만, 다른 자영업자나 중소기업에 비해 위치에 구애받지 않아도 된다. 자본이나 직원 역시 그런 의미에서 다른 기업에 비해 스트레스를 덜 받는다. 따지고 보면 수많은 경제 예측서가 제시하는 미래 기술의 하나가 '지식'이며, 이것이 '부의 원천'이라는 것이다.

다시 말해 '지식'이나 '지적경험'을 쌓았다면 언제든지 세상에 기업으로서 도전을 할 수 있다. 물론 어떤 분야건 그저 쉽게 성공할 수는 없다. 더욱이 조직이라는 안정된 테두리 없이 홀로 서야 하는 1인 기업은 어쩌면 더 혹독한 대가를 치러야 할지도 모른다.

그러나 미래가 불확실한 것은 조직생활도 마찬가지다. 1인 기업에 뛰어든 사람들은 "조직생활의 경험만 쓸만했을 뿐, 시간은 아까웠다. 1인 기업을 좀 더 일찍 시작했으면 좋았을 것"이라고 말한다. 내가 잘하는 것을 파는 일은 아주 매력적이다. 그 매력을 이어가기 위해서는 원칙이 있다. 1인 기업의 기본은 자신이 고객에게 전문 서비스를 제공하는 주체라는 점을 인지해야 한다는 것이다. 다시 말해 스스로가 매출 창출 능력을 지니고 있어야 하고, 주체적 책임감이 있어야 한다. 나아가 유행에 휘둘려서도 안 되며, 경험을 바탕으로 한 사업플랜을 짜야 한다. 스스로를 '브랜드'화하는 작업도 필요한 것이다.

그렇다면 1인 기업 중 **1인 여행사의 지적재산은 무엇일까? 바로 여행에 대한 즐거움을 바라보는 시각이다.** 남들과 똑같은 여행 프로그램을 유지한다면 고객들이 굳이 1인 여행사를 선택할 이유가 없다. 1인 여행사는 '원 테이블 식당'이라는 개념을 적용해야 한다. 오로지 해당 시간에 단 한 테이블만 받되, 그 테이블에는 정성이 가득한 쉐프 추천 음식이 나오는 것이다. 여행 역시 마찬가지다. 떠나서 돌아오는 모든 순간이 1인 여행사의 음식이다.

쉐프는 나다. 내가 모든 것을 구상하고 만들고 조율한다. 그리고 그 경험은 고객에게 특별한 감동을 줘야 한다. 이럴 경우 1인 여행사의 가치는 매우 높아지기 마련이다. '지적 자산'의 장점은 노력할수록 쌓인다. 1인 여행사의 '지적 자산' 역시 매번 여행을 기획할 때마다 성장하게 된다.

1인 여행사는 '원 테이블 식당'이라는 개념을 적용해야 한다. 오로지 해당 시간에 단 한 테이블만 받되, 그 테이블에는 정성이 가득한 쉐프 추천의 음식이 나오는 것이다. 여행 역시 마찬가지다. 떠나서 돌아오는 모든 순간이 1인 여행사의 음식이다.

# '여행'이라는 취미도 돈이 될까?

세상에서 행복한 인생을 사는 사람들은 어떤 부류일까? 돈이 많은 사람? 인기가 많은 사람? 자본주의 사회에서 계속 일을 해야 한다는 전제 하에 가장 행복한 사람은 취미가 직업인 사람이다. 그런데 이런 사람들이 존재한다. 바로 1인 기업 오너들이다.

"취미가 직업이 되려면 나 혼자 좋아해서는 안 돼요. 많은 사람과 공유할 수 있어야 하고 사회에 기여하는 바가 있어야 합니다. 그러기 위해서는 차분히,

그리고 고집스럽게 공부하여 전문가가 돼야 합니다.”

녹음된 우리 민족의 노랫소리를 발굴해 화제가 되었던 정창관 씨의 말이다. 그는 한때 우리나라 라이선스 클래식음반 대부분(3,500여 장)을 수집한 클래식 애호가였다. 하지만 국악이 궁금해 음반을 사러 갔다가 구하지 못하자 내친김에 사람들을 모아 국악 음반을 직접 만들자고 제안한다. 이후 은행에 다니던 그는 금융인의 감각으로 최대 음반 유통사였던 신나라레코드를 찾아가 ‘판소리 5명창’ 음반 제작을 요청했다. 음반이 판매되지 않으면 전량 구매하겠다는 조건이었다. 결과는 대박이었다. 그야말로 취미가 ‘지적재산’으로 바뀌고, 그 ‘지적재산’이 명예와 부를 가져다 준 케이스다. 여기에는 노력과 열정, 전문성이 있었다.

이처럼 운명적으로 취미를 발견한 사람이라면 강한 자신감으로 1인 기업을 운영할 수 있다. 하지만 취미가 없다면? 생업을 제외하고 가장 많은 시간과 열정을 쏟는 일이 무엇인지 찾아본다. 하지만 명심해야 할 게 있다. 첫째, 취미를 상품으로 변화시키는 데 만

만하게 보이는 것이면 취미로 끝내야 한다. 만만하게 보인다는 것은 경쟁자 또한 쉽게 접근할 수 있다는 것이다. 둘째, 체계화할 수 있는 프로세스가 있는지 고민해야 한다. 프로세스를 체계화하지 못하면 초창기 상품을 내놓는데 어려움이 따른다. 또한 고객으로부터 끊임없이 공신력을 의심받을 수 있다.

여행업에서는 이런 사람들을 자주 볼 수 있다. 즉, 여행을 즐기던 사람들이 여행업으로 뛰어드는 것 말이다. 문제는 자신이 즐기는 것과 남을 즐기게 해주는 것에는 차이가 있다는 점이다. 그것은 주관의 차이기 때문이다. 그래서 보다 보편적인 감각으로 프로세스를 체계화해야만 취미인 여행을 사업화할 수 있다. 또한 남들과 똑같은 사업 아이템을 판매하게 된다면 결국은 무너지고 만다. 대기업의 가격 경쟁을, 1인 기업으로는 당해낼 재간이 없기 때문이다.

윤석일 작가는 1인 기업가가 되기 위해선 두 가지 문제를 뛰어넘어야 한다고 강조한다.

첫째, **자신의 주력 콘텐츠에 대한 다양한 정보를 확보해야 한다.** 1인 기업가들로부터 외롭다는 말을 자주 듣는다. 조직에 몸담고 있는 것이 아니고 혼자서 모든 것을 처리해야 하기 때문이다. 또한 앞으로 나아갈 길도 스스로 만들어야 한다. 즉, 정보를 같이 공유하고 나눌 사람이 적다는 것이다. 그러나 성공한 1인 기업들은 모든 것을 활용해 지식과 정보를 확장하는 노력을 아끼지 않았다.

둘째, **자기 확신이 강해야 한다.** 강한 확신을 가지고 행동해야 성공한다는 것은 누구나 알고 있는 사실이다. 하지만 끊임없는 의심과 회의에 빠지는 이들도 있는데, 결과는 안 봐도 뻔하다. 1인 기업은 특성상 줄곧 불안, 두려움, 외로움과 싸워야 한다. 따라서 자기가 하는 일에 대한 확신이 부족하다면 쉽게 흔들릴 수 있다. 성공한 1인 기업들은 하고 싶은 일을 하겠다는 강한 확신을 가지고 있다. 네임 브랜딩에 성공하여 1인 기업을 통해 1년에 수십억 원을 벌어들이는 성공 비결 가운데 하나가 자기 확신이다.

취미를 직업화한다는 것은 아주 매력적인 일이다. 나만의 상품을 나의 지적 재산과 결부시켜 판매할 경우 성공할 가능성도 높기 때문이다. 중요한 것은 내가 무엇을 가지고 있느냐를 항상 제대로 파악해야 한다는 것이다. 어설픈 취미는 절대 상품화가 될 수 없다. 취미를 상품화하려거든 전문가가 되겠다는 마음으로 해야 한다. 그것은 여행에 있어서도 마찬가지다. 이 곳은 전문가들 투성이다. 그런데 그 전문가들이 조직에 묶여 있다 보니, 그 능력을 100% 발휘하지 못한다. 그렇다면 당신이 발휘해라. 1인 기업은 누구 눈치를 볼 필요가 없으니까 말이다.

# 나는 나의
## 첫 번째 고객이다

서점에 한번씩 가보면 깜짝 놀랄 때가 있다. 재테크 관련 서적이 넘쳐나기 때문이다. 부동산, 주식, 펀드, 채권, 환테크 등 분야도 다양해져 일반인이 손쉽게 접근하기 힘든 수준이다. 슬쩍 읽어봐도 머리가 아파져 온다. 그럼에도 그 코너는 인기가 많다. 하기야 제목만 읽어보면 따라 하기만 해도 부자가 될 것 같으니까 그럴 수 있다.

그런데 한번 고민해보자. 모든 재테크에는 위험성

이 따른다. 가장 안전하고 확실한 투자란 거의 존재하지 않는다. 단 하나의 예외를 제외하고 말이다. 그것은 바로 자신에게 투자하는 재테크다. 나의 계발을 위해 돈을 쓰고 그 계발이 또 다른 수익을 불러 올 수 있다. 그것도 높은 확률로 말이다.

**자기 자신에게 투자하는 가치계발적 1인 기업은 21세기의 트렌드다.** 이런 1인 기업의 핵심은 세일즈이고 세일즈의 핵심은 고객 설득이다. 왜 트렌드를 읽어내는 능력이 중요한가. 트렌드를 제대로 파악할 수 있어야 가치 있는 지식 상품을 만들 수 있기 때문이다. '모든 건 시장을 통한다'라는 마케팅 분야 불변의 진리처럼 아무리 좋은 상품을 만들더라도 시장에서 통하지 않으면 쓰레기 취급을 받게 된다.

트렌드를 읽는다는 것은 기회를 포착한다는 의미이다. 트렌드를 제대로 읽어 낼 수 없거나 볼 줄 모르는 1인 기업가는 항상 헛다리를 짚거나 경쟁자에 비해 한 발 늦다. 그러니 아무리 시간을 들이고 피땀 흘려 노력해본들 시장에서 통하지 않는다. 허송세월만 하게 되는 것이다.

흔히들 '성공은 기회를 잡는 것'이라고 말하지만, 기회는 자신이 기회라고 떠들면서 오지 않는다. 주식 시장에서 곧 오른다고 소문나면 이미 그 종목에는 투자할 가치가 없다고 보듯, 지식 상품 또한 돈이 되고 유망할 거라는 이야기가 나오면 이미 늦다. 이미 더 높은 곳에서 독수리의 매서운 눈으로 기회를 읽고 움직이는 사람들이 있기에, 그들이 먹고 남긴 뼈다귀만 줍게 된다.

그런데 안타까운 것은 기회를 읽는 능력은 학교 같은 교육기관에서 배울 수 없다는 사실이다. 현시대의 교육기관은 철저히 증명되고 논리적으로 설명할 수 있는 것들만을 가르치기 때문이다. 그러니 평소에 사물의 본질을 관찰하는 훈련을 하고 독서나 신문, 잡지, 뉴스 등을 통해 트렌드를 파악하는 능력을 키워야 한다. 여기에다 직관을 높이는 훈련을 함께 한다면 스쳐 지나가는 기회를 내 것으로 만들 수 있다. 즉 관심을 가져야 디테일하게 접근할 수 있다.

이러한 1인 기업가들에게는 내 이름으로 된 저서가 있다. 대한민국 대표 1인 기업가로 꼽히는 공병호

소장, 김정운 소장, 김창옥 소장, 강헌구 대표, 김미경 강사 등은 저서를 가짐으로써 얻게 되는 강점에 대해 누구보다 잘 알고 있다. 그래서 그들은 저술, 강연, 칼럼 기고, 코칭 활동으로 바쁜 일정에서도 책을 꼭 출간한다. 열 권 이상 출간한 저자도 있다. 저서를 펴냄으로써 그만큼 브랜딩 효과가 커진다는 것을 잘 알기 때문이다.

또한 지식 상품을 알리는 방법으로 언론을 활용할 것을 추천한다. 언론에 자주 노출되면 그만큼 인터넷을 통해 확산되기 때문이다. 언론에 노출함으로써 '나'라는 브랜드를 홍보하면 그 지식 상품을 구매하고 싶어 하는 고객을 만나기 쉽다. 1인 기업을 꿈꾸는 사람은 언론에 자신을 적극적으로 알려야 한다. 그러려면 어떤 방법이 있을까? 먼저 칼럼 기고를 하겠다며 정중하게 메일을 보내는 것도 한 방법이다. 그 안에 자기 생각이나 상품을 담아서 말이다.

더불어 홈페이지를 제작하는 데는 시간이 걸리고 초기 비용이 들어가지만 블로그나 카페 운영은 비용이 들지 않는다. 블로그, 카페를 만들어 지식 상품을 홍보하면서 시장의 반응을 지켜보는 과정도 도움이 된다.

　또한 초창기에는 홍보나 평가를 받기 위해 재능기부 형식으로 자신의 상품을 고객에게 무료로 제공하는 것도 바람직하다. 콘텐츠만 훌륭하다면 자연히 몸값이 높아지고, 어느 순간 강연료가 올라 명강사로 자리 잡을 수 있다.

　1인 기업을 꿈꾸는 사람들은 남들을 설득하기 이전에 자신이라는 고객을 설득하여 끊임없이 자기계발을 해야 한다. 잘하는 일 좋아하는 일을 하면서, 놀고 싶을 때 놀고, 일해야 할 때 일할 수 있는 1인 기업으로 살아가기 위해선 내 직업의 첫 번째 고객이나 자신임을 기억해야 한다. 1인 여행사 역시 마찬가지다. 내가 즐겁지 않으면 안 된다. 하지만 나만 즐거워도 안 된다. 이 간극을 맞추려는 부단한 노력이 선행되어야만 여행업계에서 살아남을 수 있다.

자기 자신에게 투자하는 가치계발적 1인 기업은 21세기의 트렌드다.

# 1인 기업에 필요한 세 가지 변화

대부분 모든 일을 시작할 때는 밑천이 들어간다. 가령 사업을 시작한다고 하면 아이템, 자본, 인력, 시간 등 다양한 밑천이 필요하다. 특히 1인 기업에게 가장 중요한 밑천은 마인드다. 어떤 마인드를 갖고 있느냐에 따라 3년 후, 5년 후의 미래가 달라지기 때문이다.

1인 기업으로 운명을 바꿔줄 마인드 셋을 위해서 필요한 변화에 대해 알아본다. 먼저 《1인 기업이 갑이다》에서는 잘나가는 1인 기업에게 필요한 세 가지 변화에 대해 조언하고 있다.

첫째, 시간을 관리하는 연습을 해야 한다. 1인 기업은 고객과의 최전선에 있고, 해당 분야 지식을 가장 먼저 받아들이고 적용하는 직업이다. 따라서 최고가 되기 위해선 지속적인 학습이 이루어져야 한다. 그래야 생존을 넘어 '나'라는 브랜드 가치를 최상으로 끌어올릴 수 있다. 1인 기업이 행복하고 시간이 갈수록 승승장구하는 이유이기도 하다. 1인 기업의 가장 큰 매력으로는 '시간'을 컨트롤할 수 있다는 점이다. 하지만 철저한 자기관리가 되지 않으면 게을러지거나 타성에 젖게 된다. 따라서 1인 기업을 꿈꾸는 사람에게는 시간에 대한 '마인드 셋'이 필요하다.

둘째, 인맥에 대한 개념 재정립이다. 찬찬히 살펴보면 인맥이라는 것은 무작정 사람들과 관계한다고 해서 넓어지는 것이 아니다. 꿈과 비전, 일과 생각, 개념, 철학 등이 비슷하거나 일맥상통하는 이들이어야 형성된다. 인맥이 넓어 '마당발'이라고 불리는 사람들이 있다. 이들은 인맥을 형성하는 필살기를 갖고 있다. 1인 기업을 꿈꾸거나 준비하고 있다면 마당발이라는 말을 듣는 이들을 찾아 그 노하우를 배운다. 1인 기업으로 자리매김하고 수입원이 되는 파이프라인을 더욱 탄탄하게 구축할 수 있다.

셋째, 우선순위를 정해두고 일하는 습관이다. 그냥 두서없이 일을 하기보다는 우선순위를 정해서 처리해야 한다. 즉, 해내야 하는 일에 대해 집중력을 배분하라는 말이다. 더 미루지 말고 지금부터 우선순위를 정해서 일하는 연습을 해야 일에 파묻히지 않으면서 즐겁게 1인 기업을 경영할 수 있다.

**'왜 사는지 아는 사람은 어떤 역경도 이겨낼 수 있다'**

이러한 서양 격언이 있다. 1인 기업가로 성공하기 위해선 수많은 어려움이 있다. 하지만 자신이 왜 1인 기업가가 되고 싶은지, 어떤 미래를 만들어가고 싶은지에 대한 확신과 믿음만 있으면 어떤 어려움도 능히 극복할 수 있다.

이 지구상에 완전히 새로운 것은 없다. 기존 그 무엇에 추가한 것이 새로운 일이고 변화의 바람이다.

성공자들은 하나같이 남들이 가진 장점에다 자신만의 노하우, 철학을 얹어서 자기 것으로 만드는 능력이 뛰어났다. 따라서 벤치마킹하는 능력을 높여야 한다. 벤치마킹하는 능력만 향상되더라도, 그렇지 않은 사람들에 비해 1인 기업으로 나아가기가 훨씬 유리해진다.

**2장** 내가 나를 고용한다
'1인 기업'

HUMAN

DESIRE

HOPE

1인 기업으로 성공하기 위해선 수많은 어려움이 있다. 하지만 왜 1인 기업이 되고 싶은지, 어떤 미래를 만들어가고 싶은지에 대한 확신과 믿음만 있으면 어떤 어려움도 능히 극복할 수 있다.

# 인플루언서를 만드는 SNS 마케팅

필자는 몇 년 전부터 SNS 마케팅을 적극적으로 도입하고 있다. 여행만 알았던 내가 처음부터 쉽게 될리는 없었다. 이것저것 도전해보다가 결국은 마케팅 전문가에게 자문을 구하기도 했다.

"혼마하지 마세요"

혼자서 마케팅하지 말고 함께 협업하며 SNS 마케팅을 진행하라는 말이다. 많은 1인 기업들이 SNS를 홍보의 전장으로 삼는다. 손쉽고 전파력이 빠르며,

비용대비 효과도 좋기 때문이다. 그러나 막무가내로 덤벼들 만큼 호락호락하지 않은 것도 사실이다. 필자의 수업에 참가하는 많은 수강생들도 이런 부분에 대해 고민을 호소한다. 그렇다면 SNS 마케팅은 어떻게 해야 할까.

과거에는 옷을 사면 연예인처럼, 모델처럼 될 수 있다는 환상을 팔았다면 지금은 현실성을 팔고 있다. 왜 이럴까? 소비자들이 똑똑해졌기 때문이다. 더욱이 지금은 여러 곳에서 정보를 구할 수 있기에 환상마케팅은 그야말로 환상일 뿐이다. 하지만 마케팅은 달라졌어도 변하지 않는 것이 있다. 소비심리 중 하나인 '모방소비'다. 직접 사용하지 않았어도 누군가에게 긍정적인 메시지를 받았다면 구매하는 심리, 일명 '입소문'이다. 이것이 SNS 마케팅의 핵심이다.

실제로 여행을 떠날 때 제일 먼저 하는 것이 검색이다. 그리고 그 검색 결과 중 가장 먼저 보는 것이 '후기'다. 이 '후기'가 바로 '모방소비'를 불러일으킨다. 몇 년 전에는 블로그, 인스타그램 같이 'SNS 사용 후기'가 대세였다면 최근에는 상품 구매과정 ▶ 상

품 포장 ▶ 상품 사용 ▶ 상품 후기 등 전 과정을 동영
상으로 촬영해서 유튜브(쇼핑유튜버)에 올리는 것이
주를 이룬다. 이를 나눠보면 입소문이나 자신의 유명
세로 마케팅하는 사람을 '셀러브리티(celebrity)'라
고 부른다. 반면 SNS, 유튜브 등으로 모방소비를 이
끄는 사람을 '인플루언서(Influencer)'라고 한다.

인플루언서는 SNS로 수많은 팔로우를 보유하면서
등장했다. 이들이 사용하는 물건 하나하나에 관심
갖기 시작하면서 자연스럽게 트렌드를 선도하고 있
다. 인플루언서는 연예인처럼 완벽한 외모, 퍼포먼스
를 하지 않아도 연예인 못지않는 인기와 영향력을 행
사하기도 한다. 실제로 유명 인플루언서 중에는 평범
한 직업을 가졌으며 평범한 외모로 영향력을 행사하
고 있다. 많은 사람에게 영향력을 미치는 것과 소비
로 유도하는 일에 장벽이 낮아졌다는 뜻이다. 장벽을
낮추는 일에 가장 큰 공헌을 한 채널이 SNS이다.

인플루언서는 쇼핑에만 국한되지 않는다. 무형의
자산을 전파하는 데도 많은 영향력을 행사한다. 사
주명리학을 교육하는 1인 기업 K가 있다. 그는 SNS

에 매주 비슷한 시간 때 라이브 강의를 한다. 유튜브 라이브, 아프리카TV, 트위치에 동시 송출하는 방식으로 진행하는데 별풍선(아프리카TV 후원방식), 도네이션(트위치 후원방식)을 받는다. 그리고 계약을 맺은 MCN기업에서 라이브 방송을 3~4분, 15분 두 가지 분량으로 편집을 한 후 다시 유튜브에 올린다. 조회 수가 올라가면 유튜브에서 수익이 발생한다.

K는 플랫폼 특성상 젊은 사람이 많으니 운영 중인 철학관에는 오지 않는다고 한다. 다만 일주일에 한 번 아프리카TV에서 3~5만 원 별풍선 후원을 받고 개인 상담을 해준다. K는 무명이나 다름없는 자신에게 기존 철학관이 하는 마케팅(신문광고)은 한계가 있음을 느꼈다고 한다. 또한 누구나 관심이 있는 운명을 교육해주는 일을 통해 자신의 무형자산을 나누어주고 있다는 걸 좋아한다. 결국 K는 미래가 답답하거나, 조언을 구하고 싶은 누군가에게 영향력을 행사하는 인플루언서이면서 SNS 마케팅을 통해 수익을 창출하고 있다.

특히 '동네장사'처럼 영향력의 단위가 작은 곳에

서 SNS 마케팅을 통해 '동네스타'를 추구할 수도 있다. 사실 이것은 전혀 어렵지 않다. 꾸준한 콘텐츠와 고객들과의 소통만 있으면 된다. 새벽마다 빵을 만드는 소상공인이라면 고객들은 빵맛도 중요하지만 빵을 만드는 모습과 과정도 궁금할 것이다. 매일 꾸준히 그 모습을 담아 SNS 채널에 올린다면 불황은 찾아오지 않는다.

따라서 만드는 모습 하나, 하나가 곧 고객과의 소통으로 이어질 수 있다. 냉동제품을 해동해 굽는 다른 프랜차이즈와 달리 제빵사가 직접 반죽하고 모든 빵을 수작업으로 제작한다. 언제나 당일 생산, 당일판매를 원칙으로 하고 모든 빵은 새벽부터 만드는 과정이 시작되어 하루에 세 번만 빵을 굽는다. 빵의 재료는 우리 농산물과 친환경 우리밀을 사용하여 만든다. 빵을 만드는 것도 중요하지만 직접 만들고 믿을 수 있는 빵을 가족에게 연인에게 친구에게 사랑과 행복을 전하는 것 또한 중요하다.

이런 영상에 매일 꾸준히 올라온다면? 만 장의 전단지보다 더욱 큰 효과를 발휘할 수 있다. 이것이 바로 SNS 마케팅이다. **유형이든, 무형이든 무언가를 팔아야 하는 세상은 SNS 마케팅을 통해 누구나 인플루언서가 될 수 있다.**

# SNS는
# 인정욕구의 집합소다

요즘 젊은 층이 자주 찾는 식당에 가면 흔한 이벤트 하나를 볼 수 있다.

'저희 식당 페이스북 페이지에 후기를 남기시거나, SNS에 이용후기 올리면 OO를 공짜로 드립니다.'

후기를 올리면 음료수부터 꽤나 괜찮은 서비스음식까지 준다. 심지어 3,000원 이상 할인해주는 곳도 있다. 식당 입장에서 3,000원은 작은 돈이 아니다. 하지만 손해를 각오하고도 손님의 후기를 바라는 건

효과가 크기 때문이다. SNS 관리를 잘하는 손님이 직접 써준 후기가 검색어 상단에 뜬다면 3,000원이 아니라 몇 천만 원의 가치도 발생할 수 있다. 이런 효과 때문에 젊은 층이 찾는 식당 말고도 다양한 업종에서 고객후기를 필요로 하고 있다. 어느 업종은 백만 원 이상 금액의 서비스를 무료로 제공하면서까지 후기 하나를 더 올리기 위해 고군분투 중이다.

이처럼 고객후기를 갈망하는 건 SNS 마케팅이 어떤 마케팅보다 효과적이란 뜻이다. SNS에는 불특정 다수는 물론 원하는 타깃층까지 상품을 알려준다. 따로 데이터를 뽑아 고객이 원하는 시간과 검색어를 공부하지 않아도 된다. SNS 어플이 키워드를 빅데이터화하여 홍보를 해준다. 말 그대로 '홍보의 자동화'다. 나는 잠을 자지만, SNS 상의 고객은 내 상품을 보거나, 심지어 구매까지 완료한다.

1인 기업이든 대기업이든 사업체를 운영하는 사람은 나름의 '위기의식'을 갖고 있다. 위기의식에는 '오늘의 위기'는 물론 '미래에 닥칠 위기'도 포함된다. 더 이상 기존 마케팅으로는 한계가 있음을 분명히 알고 있으며, SNS 마케팅을 통해 돌파 또는 성장을 생각하는 것이다. 소위 말하는 사업가 '촉(觸)'으로 SNS 마케팅을 배우거나, 실행한다. 변화에 성공한 사람은 SNS 마케팅을 알고 있으며, 그 '앎'의 힘으로 번창을 하고 있다.

**SNS 마케팅의 기본은 꾸준함과 신뢰다.** 쉽게 말하면 콘텐츠가 많아야 한다는 것이다. 내 SNS에 누군가 찾아왔다면 적어도 1분 이상 시선을 붙잡을 수 있어야 한다. 예를 든 빵집도 마찬가지다. 반죽을 하고 빵을 구우면서 SNS를 하는 것이 결코 쉬운 일은 아니다. 하지만 그 작은 노력이 쉴 새 없이 고객을 부르고 언제나 찾아오는 고객들을 반기는 웃음으로 맞을 수 있다. 아마도 고객은 그 진정성을 알기에, 그런 친근감으로 매출은 쑥쑥 오르기 마련이다.

과거에는 공인이나 연예인이 개인에게 영향력을 행사했다. 지금도 마찬가지다. 그들이 입는 옷, 액세서리, 마시는 음료 등 여전히 인기를 구가하고 있다. 하지만 인플루언서의 등장은 영향력을 미치는 주인공의 폭을 넓혀놨다. 영향력이 유형의 것이든 무형의 것이든 상관없다. 많은 팔로우를 보유하고 있다면 무엇이든 판매, 전파가 가능하다. 나아가 누군가에게 영향력을 미치는 사람은 자존감, 자본, 기회 등 많은 걸 창출한다. 작은 약속이 큰 변화를 이루고 아주 작은 약속이지만 언제나 그 약속을 지키고 신뢰로 보답하는 한 빵집의 이야기는 누구나 한번쯤 고민해볼 문제다.

요즘 바이럴마케팅 회사도 많고 어떤 매장이든 오픈 초기에 누구나 SNS 광고를 하려고 한다. 그러나 광고라는 것은 내가 준비되었을 때 하는 것이다. 내가 고객을 여유롭게 맞이하고 서비스와 각종 동선이 완벽히 이루어질 때, 그때 행해져야 효과가 있다. **SNS 마케팅은 단순히 재미만 있어서는 안 된다. 돈이 적게 드는 대신 진정성이 있어야 한다. 그래야 오래 간다.** 진정성이란 광고하고자 하는 대상에 대한 나의 열정이라고 할 수 있다.

# 마케팅의 본질은
## 사람에 대한 이야기

　필자는 여행업에 있다 보니, 맛집 프로그램을 자주 보는 편이다. 국내는 당연하고 해외까지 다 찾아본다. 기억나는 프로그램은 동네 사람을 붙잡고 직접 맛집을 물어보는 컨셉이었는데, 동네 사람이 맛집을 추천하면 요리전문가와 몰래 카메라맨이 먼저 음식을 시켜먹는다. 그리고 맛집이라고 판명나면 촬영 여부를 주인에게 묻는다.

　대부분의 주인은 마케팅을 위해 촬영을 허락하며

비법, 매출 등을 공개한다. 하지만 그날은 달랐다. 주인은 "촬영을 안 했으면 한다."라고 말했다. 이유를 물으니 자기 가게는 단골에게 맛있는 음식을 제공하는 것으로 만족하고 손님이 더 오면 이 맛을 계속 유지할 수 없다는 이유에서였다. 주인의 인터뷰를 듣고 나도 모르게 감탄을 했다. 만약 근처에 볼 일이 있으면 꼭 가보고 싶다는 마음이 절로 들었던 것이다.

오래 전 맛있기로 소문난 식당 주인 할머니는 이런 말을 방송에서 했다. "비결? 재료 아끼지 않고 다 넣는 게 비결이지, 뭐 있나?"라고. SNS 마케팅도 마찬가지다. 불과 20년 전만 해도 마케팅의 주류는 전단지였다. '텍스트의 시대'라 불렸다. 눈을 끌어당기는 텍스트로 고객을 사로잡았다. 이어 스마트폰의 확산으로 7년 전만 해도 블로그가 마케팅의 주류였다. 블로그는 '이미지의 시대'였다. 얼마나 예쁘고, 화려하게 사진을 찍어서 올리느냐가 중요했다. 지금은 유튜브에서 많은 마케팅이 일어난다. 즉 '영상의 시대'다. 영상의 시대는 눈과 귀의 감각을 자극시킨다.

마케팅은 계속 진화하고 있다. BC 196년 이집트

나일강 주변 돌(로제타석)에는 이집트 왕 프롤레미를 숭배해야 한다는 권력자의 마케팅이 있었다. 이렇게 보면 마케팅 플랫폼은 진화하지만, 기본 또는 본질은 같다. 돌에 글을 새기는 노력, SNS에 꾸준히 글을 올리는 성실함, 영상을 촬영하고 편집하는 정성 말이다. 사실 1인 기업이나 1인 여행사는 전문가들에게 영상제작을 의뢰하기 부담스럽다. 돈이 비싸기 때문이다. 그럴 필요 없다. 간단한 강의만 듣고 스마트폰으로 찍으면 된다. 중요한 것은 찍는 과정이 아니다. 무엇을 찍느냐다.

광고는 설득이다. 즉 '브랜딩'에 대한 이야기다. 마케팅의 궁극적 목적은 '사람의 설득'이기에 사람을 이야기해야 한다. 그런데 SNS 마케팅이라고 하니 기술로만 생각하는 경우가 많다. 그래서 죽어라 페이스북 채널 개설, 인스타그램 해시태크 기법만 찾는다. 그런데 그게 아니다. 기술은 언제든 바뀐다. 기술을 따라가면 마케팅은 성공하지 못한다. **마케팅은 사람이어야 하고, 브랜딩이어야 한다.** 무엇을 팔 것인지, 그리고 누구에게 팔 것인지가 명확해야 한다. 나아가 그것이 설득적 요소를 지니고 있어야 한다. 본질이 먼저고 플랫폼은 나중이다. 그리고 진화된 플랫폼 기술은 배우면 된다. 최근에 나오는 플랫폼은 배우기가 훨씬 쉬워지고 있다.

필자에게 강의를 듣는 50~60대 수강생들에게 마케팅을 이야기하면서 개인 목표, 좋아하는 것, 삶의 철학 등을 물으면 부끄러워한다. 그래선 안 된다. 마케팅은 물건을 파는 것이 아니라, 나를 파는 것이다. 더욱이 **1인 기업이라면 나와 상품이 동일하다. 1인 여행사의 경우는 그 강도가 더 세다.** 파는 사람에 대한 신뢰없이 여행지만 보여주고 나중에 여행사 이름이 올라온다고 누가 연락하지 않는다. 본인이 직접 화면에 나오고 왜 여기를 추천하는지, 왜 여기에 와야 하는지를 설명해야 한다. 때에 따라서는 철학도 집어넣어야 하고, 상황에 맞춰 문화적 설명도 해야 한다. 관광가이드북과는 다른 이야기가 필요하다.

베트남 다낭에 가는 영상을 찍는다고 해보자. 개인이 아무리 잘 찍어도 드론 날리고 대형 카메라로 줌을 당기며 신나는 음악을 깐 전문가들과는 상대가 안 된다. 그런데 왜 유튜버들이 찍은 영상은 인기가 많을까. 그들이 직접 체험하고 맛보고 부딪히고 하면서 자신들의 삶을 여행과 합쳐 보여주기 때문이다. 1인 여행사의 마케팅도 이와 같아야 한다. 여행상품을 팔더라도 본질은 사람에 대한 이야기라는 것을 잊어서는 안 된다. 이 본질만 명확하다면 그 다음은 플랫폼에 대한 선택과 집중만 하면 된다.

유튜브의 세상이지만 여기서 변화가 더 없을 것 같은가? 아니다. 마케팅 플랫폼은 정말 빨리 변한다. 그러나 본질은 거의 변하지 않는다. '마인드 셋(mind set)'을 통해 1인 기업으로 운명을 바꾸는 자기 혁명을 시작해야 한다. 1인 기업형 인간으로 변화하는 과정에서 처음에는 불안과 두려움 같은 저항이 생길 수도 있지만 '1인 기업가'라는 확고한 목표를 정해놓고 먼저 성공한 사람들의 발자취를 연구하다 보면 어느새 홀로서기에 성공하게 된다.

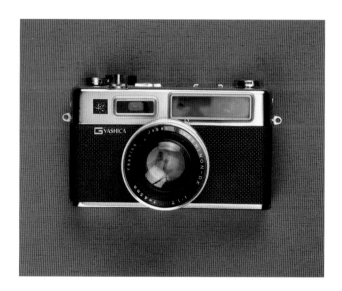

1인 기업형 인간으로 변화하는 과정에서 처음에는 불안과 두려움 같은 저항
이 생길 수도 있지만 '1인 기업가'라는 확고한 목표를 정해놓고 먼저 성공한
사람들의 발자취를 연구하다 보면 어느새 홀로서기에 성공하게 된다.

# 불황일수록 사람의 마음을 사로잡아라

소상공인을 만나다 보면 '어렵다', '힘들다'라는 말을 자주 듣게 된다. 솔직히 '잘나갑니다'라는 말을 듣는 것보다 '어렵습니다'를 듣는 일이 더 많다. 저성장의 늪에 빠진 한국경제에 직격탄을 맞은 것은 소상공인들이다. 그렇지만 어느 매장은 거꾸로 올라가는 연어처럼 매출이 올라간다. 이것은 개인의 경우도 마찬가지다. 지지기반이 없는 곳에서 특별한 퍼스널브랜딩으로 지지층을 끌어내는 정치인, 눈을 끌어 잡는 컨셉과 SNS 마케팅으로 전국을 다니는 강사, 허를 찌르는 회사소개로 지방중소기업에 신입사원 지원자가 몰리는 일이 벌어진다.

불황이 깊어질수록 소비자들의 선택도 꼼꼼해진다. 그런데 이런 꼼꼼한 소비자들을 보는 곳도 있다. 바로 고객 니즈를 잘 파악한 일명 '잘나가는 브랜드'다. 이들은 불황에도 거침이 없다. 전반적인 침체기의 여행업계에서도 역시나 '잘나가는 브랜드'가 있다. '알지오투어'는 잘 나가는 브랜드에 속한다. 불황 중에서도 소속 지사 30개를 목표로 맹렬히 달려가고 있는 여행사다. 이런 필자도 230여 개국 해외를 다녀온 경험을 바탕으로 말하면서 적을 수 있는 스피치노트 어플리케이션과 스타마케팅으로 SNS 마케팅이 필요하다. 그래서 타 여행사와 다른 점을 찾아 남과 다른 시선으로 보는 것과, 틈새시장에서의 차별화되고 다른 점을 알리고 있다. SNS 채널을 구축해 알리고 직접 블로그를 작성하는 것이다.

여행사는 물건을 파는 게 아니다. 소비자의 불편을 덜고 시간을 절약하게 해주는 서비스다. 그렇기에 여행업무는 대개 다음과 같다.

**기획 ▸ 예약(수배) ▸ 판매 ▸ 계약 ▸ 수속 ▸ 발권 ▸ 안내 ▸ 정산 ▸ 경영분석 ▸ 애프터서비스**

　이러한 순환과정을 거쳐 일단락된다. 이 과정에서 고객만족서비스를 최우선으로 하는 게 목표다. 또한 재구매가 가능한 서비스상품이며 얼마든지 충성고객을 확보하면 좋은 결과로 이어지는 사업이다. 그래서 진정성 있는 여행이야기 혹은 콘텐츠를 꾸준하게 발행하고 페이스북 타깃광고를 통해 창업세미나를 꾸준하게 진행하고 있다. 그 자리에서 여행에 대한 이야기와 설렘을 열정적으로 전개해나가면서 브랜드 마케팅과 교육 참여를 통한 지사 계획을 권한다.
　필자는 남이 하지 않는 일에 집중하는 편이다. 전문요리사와 떠나는 테마여행, 가수와 떠나는 해외여행, 크리에이터와 함께 떠나는 해외워크샵 등 테마여행에 집중하고 고객들이 해외여행 중에 즐겨 먹을 수 있는 간식제공, 장거리 비행 중에 필요한 목베

개, 슬리퍼, 기타 물품제공, 해외여행 시 필요한 자사 편집 여행책자 제공과 여행 후에는 여행사진 편집을 통한 여행앨범 제공을 해왔다. 보기에는 아무것도 아닌 서비스이지만, 그것이 뭉쳐졌을 때는 꽤나 큰 파괴력을 지니게 된다.

"여행은 하나의 의미가 아니다. 낭만과 로맨스가 가득 차 있기도 하지만, 고생과 외로움이 충만하기도 하다. 때로는 낯선 공기가 반갑고, 때로는 그 낯섦에 흔들리기도 한다. 인생이란 단어를 말하면서 여행보다 유쾌한 일을 꼽는다면 몇 되지 않을 것이다."

《또 다른 나를 만나러 갑니다》의 한 구절이다. 필자의 마케팅도 이와 같았다. 설렘과 낯설음을 강조하면서도 인생이라는 철학을 가미했다. 그 결과 지사계약은 끊임없이 이어지고 있다. 도청, 지자체, 공무원 연수프로그램 등에서 만족도 순위 1위이자 고객들이 계속 찾는 여행사로 완전한 자리매김을 해나가고 있다. 이처럼 누군가는 경기와 상관없이 거꾸로 올라간다.

마케팅 방법은 아이템마다 다르다고 할 수 있다. 중요한 건 거꾸로 올라가는 사람은 상황에 맞는 마케팅을 한다는 점이다. SNS 마케팅은 광고를 하는 게 아니다. 특히 외식창업은 누구나 오픈 날짜에만 집중되어 있다. 하지만 결과는 어떤가? 막상 오픈이 되면 동선이 꼬이는 등 매장 직원들은 어수선해지고 서비스는 엉망이 된다. 외식창업만 그런 것이 아니다. 모든 사업들 역시 초반이 중요하다.

강조하건대, 어떠한 SNS 채널도 진정성 없는 콘텐츠는 영혼 없는 글과 같다. 앞으로 특별한 성장동력이 나타나지 않은 한, 대한민국 경제는 저성장일 것이다. 하지만 기회는 온다. 현대사회는 소비를 할 수밖에 없으며 소비자들은 SNS 속에서 많은 정보를 구한다. 그리고 사람이 가진 다양한 욕구를 충족시키면 지갑을 열게 된다. 돈을 버는 건 사람이 번다. 마케팅은 하나의 수단에 불과하다. 불황일수록 사람의 마음, 행동에 집중해보자.

'왜 모든 과정을 SNS에 올리는지, 셀카를 찍고 엄청난 보정을 한 후 자기를 평가받고 싶어 하는지, 유

튜브에 나와 시시콜콜한 이야기를 하고 사람들은 귀한 시간을 투자해서 보는지?'

어느 분야든 불황은 분명 큰 리스크지만, 불황과 상관없이 돈을 벌게 하는 사람을 관찰하고 거기서 아이디어를 찾고 있는지 한번 쯤 생각하자. 마지막으로 광고효과가 아무리 뛰어나도 본질인 해당 영업장의 친절이나 맛, 서비스가 엉망이면 그것으로 끝이다. 마케팅은 준비가 됐을 때 엄청난 영향력을 발휘한다. 그렇지 않다면? 생각하기도 싫은 결과가 기다릴 따름이다.

# chapter 3

## 여행기획자와
## 1인 여행사

같은 여행지를 가더라도
기획을 하는 것과 안 하는
것은 차이가 엄청나다
테마를 가지고 떠나는
여행과 그렇지 않은 여행은
만족도 자체에서 다르다

# 여행기획자란
# 어떤 직업일까?

1인 여행사를 운영하게 된다면, 할 일은 많다. 일단 영업을 담당하는 것은 기본이다. 영업 다음에는 비용 산출을 해야 한다. 이 부분도 매우 중요하다. 비용은 여행사 수익의 핵심 포인트이기 때문이다.

그러나 가장 우선시 해야 할 부분은 바로 여행기획이다. 같은 여행지를 가더라도 기획을 하는 것과 안 하는 것은 차이가 크다. 테마를 가지고 떠나는 여행과 그렇지 않은 여행은 만족도 자체에서 다르다. 한

정된 시간 내에 여행지에서 모든 것을 볼 수는 없다. 선택과 집중이 필요한데, 과거에는 랜드마크 위주로 동선을 짰다면 지금은 한 가지의 주제를 가지고 동선을 구성하는 추세다. 만약 맛집투어로 테마를 잡았다면, 관광지의 비중보다 현지 먹거리를 더 방문한 다든가 하는 것이다.

두산백과사전에서 여행기획자는 두 가지로 구분되어 있다. 첫 번째가 국내여행기획자로, 국내 관광상품을 기획과 개발하며, 고객과의 상담업무를 수행하는 것을 말한다. 유사명칭으로는 국내여행상품개발자, 국내여행상품수배기획자로 불리기도 한다. 주된 업무는 새로운 여행지 개발을 위해 정보를 수집하고 수집된 정보를 토대로 개발가능성과 시장성 등을 판단하여 여행상품 개발 여부를 결정한다. 국내의 항공, 육로와 해상 교통편, 요금, 관광명소의 위치, 숙박시설 등에 관한 제반 자료를 토대로 관광 코스와 일정을 기획하고 예상경비를 산출한다.

여기에 기획된 코스를 답사하고 문제점을 보완하여 관광 코스를 확정짓고 최종 경비를 산출한다. 고객과의 전화와 방문 상담을 통해 그들의 요구사항을 파악하여 여행상품을 추천한다. 상품의 특성, 장점 등을 소개하여 여행상품을 추천하는 것이다. 여행을 마친 고객에 대한 사후관리를 통하여 신상품을 개발하고, 기존상품을 보완하기도 한다. 전반적으로 보면 이것은 꼭 국내여행기획자가 아니더라도 통상적으로 여행업에서 하는 일이다. 그만큼 기본적인 내용인 것이다.

그럼에도 집중할 부분은 바로 **'새로운 여행지 개발'이다.** 대한민국은 작은 나라다. 여행 좀 다녀본 사람이면 웬만한 랜드마크는 다 경험하게 된다. 이런 경우 대부분 여행사를 경유하기보다 개인적으로 떠난다. 그리고 지금은 이런 숙련된 여행자들이 우후죽순으로 늘어나고 있는 실정이다. 그래서 국내여행은 대부분 저가로 잡고 노년층을 위한 형태로 구성되는 경우가 많다.

하지만 시각을 좀 달리하면, 같은 여행지여도 어떻게 보느냐에 따라 여행의 가치가 달라진다. 예를 들어 남도투어를 '사찰' 위주로 할 것인가. 지역별 '특색 먹거리'로 할 것인가. 아니면 '꽃 여행'으로 할 것인가 등에 따라 이미지가 확 달라진다. 단순히 그 지역의 관광상품을 보고만 오는 것이 아니라 짧지만 경험하고 느끼게 만든다면 여행에 대한 만족도는 높아질 수 있다. 특히나 **1인 여행기업을 꿈꾸는 사람들이라면 '나는 이런 여행을 기획하고 싶다'라는 욕심이 있어야 한다.**

해외여행기획자도 국내와 마찬가지로 해외여행상품을 새로 개발하거나 추천하는 일을 하는 전문직을 지칭한다. 해외관광기획자라고도 하는데 소비자와 시장의 요구에 맞춰 해외여행이나 해외관광상품을 새로 기획·개발하거나 기존 해외여행관광상품을 추천해주는 일을 하는 사람을 통칭한다. 두산백과사전에서는 **'시대나 장소에 구애를 받지 않는 여행산업에 종사하는 전문직업인'**이라고 서술하고 있다.

여행산업은 기본적으로 인바운드(inbound)와 아웃바운드(outbound)로 나뉜다. 인바운드란 외국 관광객들을 국내로 유치하는 것이고, 아웃바운드는 자국민이 해외로 나가는 것이다. 여행산업과 관련된 업무에는 여러 종류가 있는데, 해외여행기획자는 아웃바운드 분야에서 해외여행상품을 개발하는 업무를 담당한다. 그렇기에 기존까지 해외여행기획자는 대부분 여행사에 소속되어 일을 했다. 직접 나가보지 않으면 기획하기 어렵기 때문에 현지 가이드나 인솔자의 경험을 가진 사람들도 상당하다.

해외여행기획자는 일반적으로 두 가지 일을 주로 한다. 해외여행을 원하는 사람들의 상담을 받고 일정 규모(10~15명)의 단체가 구성되면, 이들의 출국에서부터 귀국 때까지의 과정, 즉 항공 스케줄, 숙박, 여권 등을 모두 책임지고 관리한다. 또한, 신규여행지에 대한 조사와 개발 여부의 결정, 개발예정 여행지에 대한 교통편, 일정, 숙박시설, 비용 등을 검토한다. 최근의 경우 트래킹, 성지순례, 골프여행 등 전문적인 분야의 여행들이 크게 증가하면서 소규모로 떠나는 여행도 늘고 있다.

그러나 해외여행기획자는 무엇보다 현지에 대한 다양한 경험이 있어야 한다. 그렇지 않고서는 기획을 제대로 만들 수가 없다. 또한 인적 네트워크도 필요하다. 사실 여행업의 핵심 소득은 해외여행이다. 당연히 여행기획자라고 한다면 해외여행을 떠올리는 경우가 많다. 해외여행을 어떤 식으로 기획하느냐에 따라 1인 여행사의 미래가 달라질 수 있을 정도로 중요하다.

# 공정여행기획자?
# 투어플래너?

여행기획과 관련해 두 번째로 소개할 것은 바로 공정여행기획자와 투어플래너. 두 직업은 여행기획자란 큰 카테고리에 속해 있지만 색깔이 다르다. 그리고 좀 더 전문화되고 세분화된 직업이다. 이것을 설명하는 이유는 여행기획에 있어 좀 더 풍성한 상품을 만들고자 새로운 시각을 갖기 위해서다.

먼저 공정여행기획자는 지난 1992년 리우회담을 계기로 '지속가능한 관광', '생태관광', '책임여행' 등으로 불리며 탄생했다. 국내에서는 평화여행단체 이 매진피스에 의해 처음 도입되어 알려지기 시작했으나 우리나라의 경우 공정여행만을 기획하는 회사가 아직 몇 군데 되지 않는다.

**공정여행이란 여행자와 여행 대상국 국민들이 평등한 관계를 맺는 여행을 말한다.** 생산자와 소비자가 대등한 관계를 맺는 공정무역에서 따온 개념으로 현지의 환경을 해치지 않으면서도 현지인에게 혜택이 돌아가는 여행을 지칭한다. 2000년대 초반 공정무역에 의해 수입된 커피나 초콜릿이 인기를 끄는 등 '착한 소비'가 하나의 사회 트렌드로 떠올랐던 적이 있다. 이런 것처럼 생태, 환경, 현지인에 도움이 되는 관광 등 관광객 위주 여행이 아닌 방문지와의 호흡과 공감을 중요하게 여기는 것을 말한다.

우리나라의 완도 청산도 느리게 걷기 여행 등이 이런 여행의 일종이다. 또 각종 자원봉사 여행도 여기에 속한다. 일단 공정여행자는 보다 합리적인 여행에 적합한 콘텐츠를 찾아내고 만들어내는 일을 한다. 이 부분은 일반 여행기획자와 동일하다. 다만 현지 사전답사가 필수다. 사전답사를 통해 공정여행의 가치를 살릴 수 있는 숙소, 음식점 등을 찾아내는 것이 다르다. 여행객들에게 해당 지역 주민들이 운영하는 숙소와 음식점을 이용하도록 해야 하기 때문이다.

무엇보다 공정여행은 타깃이 명확하다. 교회나 봉사단체, 혹은 시민단체 등이 주된 고객이다. 이들은 현지에서 일주일 정도 머물면서 해당 주민들과 교감하고 때에 따라서는 자선사업을 펼치기도 한다. 이런 점을 감안해 여행 프로그램을 기획해야 하고, 또 고객을 확보해야 한다. 이쪽 기획을 구성하고 싶다면 지역의 시민단체에 소속하여 활동해보는 것도 좋은 방법 중 하나다.

또 다른 여행기획자의 하부 카테고리 중 하나는 투어플래너다. 다른 말로 여행상품개발원이라고 한다. 여행상품개발원은 고객들의 니즈를 명확히 파악하고 거기에 맞춘 새로운 상품을 개발하는 사람이다. 가보지 못한 곳, 흔치 않은 곳, 좀 더 새로운 곳을 찾아 나서는 이들이다. 좀 더 구체적으로 말하자면 여행상품개발원은 기존에 여행지로 활성화되지 않은 지역을 찾아내어 새로운 여행지로 만들어내는 사람이다. 한마디로 여행을 상품화하는 사람으로, 국내여행기획자나 해외여행기획자 모두 기본적으로는 여행상품개발원이라고 볼 수 있다.

다른 말로는 여행코디네이터(Tour Coordinator), 투어플래너(Tour Planner) 등으로 불리기도 한다. 초기에는 해외 배낭여행이나 국내외 명승지 여행상품들을 주로 기획했지만, 주5일 근무제가 시행되면서부터는 오지여행, 체험여행, 맛기행, 기차여행 등 다양한 테마여행 상품들을 개발하고 있다. 즉, 테마여행의 창시자들이 바로 이들이다. 여행상품개발원은 **여행상품을 기획하기 위해서 여행 자료와 현지 관광청 자료를 자주 체크하고 그 동향을 파악한다.**

또한, 국내외의 항공, 육로와 해상 교통편, 요금, 관광명소의 위치, 숙박시설 등에 관한 모든 자료를 토대로 상품성 있는 관광지를 찾아낸다. 요즘은 방송의 영향력이 커지면서 드라마 밀착형 상품을 개발하는 경우도 많다. 그러한 상품은 드라마 흥행과 맞물려 그야말로 대박이 나고 항공권이 부족해서 못 팔

정도이다.

아울러 여행상품개발원은 상품개발 이외에도 상품의 홍보 및 판매에 대한 책임과 고민도 함께 한다. 일반적으로 여행상품의 기획과 판매가 함께 이루어지기 때문에 이런 기본적인 업무 외에 마케팅활동까지 병행하고 있는 것이다. 이 부분이 1인 여행기업 대표로서는 숙지해야 할 부분이다. 본질적으로 우리가 가야 할 첫 번째 지점이 여행개발원이며, 동시에 최종 도착 지점이기도 하다.

처음에는 새롭고 신선한 여행상품을 개발하는 것에서 출발해 최종적으로 가성비가 뛰어난 복합여행상품을 생산해야 하기 때문이다. 당연하게도 이것은 한 번에 이뤄지지 않는다. 업무 특성상 여행 업무를 비롯하여 여행 지역에 대한 교통이나 지리, 숙박, 문화 등 모든 정보를 숙지하고 있어야 하기에 처음부터 여행상품개발원이 될 수는 없다. 보통 여행사의 경우 일반 직원으로 취업해 일정 이상 경력을 쌓고 능력을 인정받게 되면 여행상품 기획업무를 담당하게 되는 경우가 많다.

최근에는 대학에서 이와 관련된 수업을 마친 인재들도 쏟아져 나오고 있어 치열한 경쟁이 예고되고 있기도 한다. 실제로 여행 트렌드는 패키지 형태보다 개별여행에 대한 선호가 증가하는 추세여서 희망여행, 배낭여행 등 개별 맞춤식 여행 상품도 개발되고 있다. 이런 상품 대부분이 신생기업에서 탄생된 것들이다. 해외여행을 즐기는 내국인의 증가, 아시아뿐 아니라 전 세계로 부는 한류열풍으로 우리나라를 찾는 외국인이 급증하면서 상품개발 업무는 더욱 중요해질 것이다.

그럼에도 여행업의 미래는 밝다고만은 할 수 없다. 당장 인터넷 안에서 검색만 해도 여행안내에 대한 정보가 넘쳐나고 있는데, 여행 형태도 집단보다는 개별 또는 가족 단위로 전환되고 있기 때문이다. 하지만 위기는 곧 기회다. 이럴 때일수록 1인 여행사만의 독특한 상품을 개발하고 발전시킨다면, 놀라운 성공을 거둘 수도 있다.

**3장** 여행기획자와
1인 여행사

공정여행기획자와 투어플래너는 여행기획자란 큰 카테고리 안에 속해 있지만 색깔이 다르다. 그리고 좀 더 전문화되고 세분화된 직업이다. 이것을 설명하는 이유는 여행기획을 함에 있어 좀 더 풍성한 상품을 만들고자 새로운 시각을 가지기 위해서이다.

# 고객층을 발굴하고
# 기획상품을 만들어라

여행을 함에 있어 기획은 말 그대로 그 여행사의 핵심이다. 기획자가 베테랑이고 노하우가 풍부하다면 새로운 상품이 성공할 확률은 매우 높다. 꼭 베테랑이 아니더라도 여행사를 창업하는 사람들의 상당수는 '본인만의 여행기획'을 꿈꾸기 마련이다. 필자 역시 여행사를 하는 이유를 누군가 물어본다면 "내가 기획한 상품에 대해 고객들이 만족하고 다른 여행사들이 그 기획을 따라 하려고 할 때가 즐겁고 신나기 때문"이라고 답할 정도니, 여행은 곧 기획이라는 공식이 진리다.

그러나 1인 여행사에게 있어 여행기획은 결코 쉬운 것이 아니다. 대형 여행사에서 수백 명이 해내는 일을 1인 여행사는 오로지 혼자 해야 한다. 영업부터, 가격 산출, 인솔까지 본인이 모두 개입해야 한다. 이것만으로도 벅찬데 노하우를 필요로 하는 상품개발까지 하려면 그야말로 업무량에 눌려 살 수밖에 없게 된다. 물론 익숙해지면 모든 것이 물 흐르듯 진행되기 마련이고, 여행상품 개발도 매력적으로 다가오게 될 것이다. 익숙해지는데 걸리는 시간을 버텨내는 것이 관건이다.

일단 상품개발 방법에 대한 총론을 이야기하면 전문가들이 제시하는 1인 여행사의 상품 개발과 판매 방법은 두 가지다.

**첫 번째, 고객을 발굴하고 기획상품을 만들어 판매한다.**
**두 번째, 기획상품을 먼저 만들고 고객을 모집한다.**

무엇이 1인 여행사에게 도움이 될까? 무조건 첫 번째인 '고객을 발굴하고 기획상품을 만들어 판매한다'이다. 이른바 고객특화 상품 판매인데, 1인 여행사의 주된 소득이 여기서 발생한다고 해도 과언이 아니다. '기획상품을 먼저 만들고 고객을 모집'하는 것은 일단 편하다는 장점이 있다. 약간의 홍보와 마케팅에만 집중하면 된다. 그리고 모여드는 고객과 함께 떠나는 것. 얼마나 쉽고 간편한가. 그러나 세상은 그리 호락호락하지 않다. 1인 여행사의 경쟁자는 같은 1인 여행사만은 아니다. 나를 제외한 여행업의 모든 종사자들이 경쟁자인 셈이다. 그리고 그들 대부분 여행상품 개발에 오랜 시간 공을 들여 온 업체들이다.

특히나 대형 여행사의 여행상품은 그야말로 조직력의 무서움을 여실히 보여주는 것들이다. 여행은 개인여행과 단체여행으로 구분되고 며칠인지 일정에 따라 가격과 상품이 결정된다. 대형 여행사들은 3일짜리 단품부터 몇 달짜리 장기까지 다양한 조합이 가능한 상품들을 보유하고 있다. 여기에 세계 각 현지에 자리 잡고 있는 네트워크, 항공사와의 협약 등 이들의 여행상품은 언제, 어느 나라, 어떤 조건이든 고객에게 맞춰질 수 있다. 그렇기에 상품을 만들고 고객을 기다릴 수 있는 여유를 부린다. 여기에는 이들의 네임밸류도 큰 몫을 한다.

반면 1인 여행사는? 아무리 멋들어진 기획을 짜고 홍보를 한다 해도 관심을 두는 사람은 거의 없다. 심지어 반값 여행을 기획해도 고객들이 모이기란 쉽지 않다. 그렇기에 '고객을 발굴하고 기획상품을 만들어 판매'가 가장 적절한 전략이다. 필자도 여행업 초기에서는 3년을 적자로 보냈다. 아무리 기획을 해도 사람들이 모이지 않는 것이었다. 그러던 어느 날, 주일마다 찾는 교회에서 성지순례 여행 이야기가 나왔다. 그제야 번뜩 좋은 생각이 떠올랐다.

**'이들을 대상으로 순례여행기획을 만들면 어떨까?'**

결과는 성공이었다. 몇 날을 고민하고 또 고민해서 비용까지 산출해 평소에 알고 지낸 교회의 목사님께 전달했다. 우리도 한번 떠나보자고 말이다. 많은 신앙인들이 신청을 했고, 나는 인솔자로서 그들과 함께 이스라엘로 떠났다. 여행 프로그램도 알차게 준비했다. 돌아와서 좀 지나니 교회들 사이에서 호평이 번졌다. 얼마 안 가 다른 곳에서도 연락이 왔다.

우리가 파는 여행에는 특허가 없다. 다시 말해 무한경쟁이다. 내가 아무리 참신한 기획을 만들어도 금세 카피 상품이 나온다. 즉, 여행상품을 믿고 1인 여행사를 운영하면 실패할 확률이 아주 높다. 반면 고객층을 형성한 후에, 이를 믿고 운영하는 것은 1인 여행사의 가장 큰 성공 전략이다. 처음에는 10명, 그 다음은 30명, 그 다음은 50명 등 서서히 사람들을 확보하고 그들의 입에서 호평이 나오도록 만들어야 한다. 아울러 고객이 어떤 사람들인지 알고 있기 때문에 이들에 맞는 상품을 탄생시키기도 쉽다. 마치 맞춤여행처럼 말이다. 이럴 경우 여행을 다녀온 고객들이 곧 나의 홍보맨으로 바뀌게 된다.

**"여기 괜찮더라. 작지만 알찼어. 큰 데 가봐야 개인 한 사람, 한 사람 못 챙겨주더라."**

이 말을 듣고 온 사람들을 다시 또 만족시키다 보면, 어느새 당신의 이름은 지역 여행업계에서 회자되고 있을 것이다.

"여기 괜찮더라. 작지만 알찼어."

이 말을 듣고 온 사람들을 다시 또 만족시키다 보면, 어느새 당신의 이름은 지역 여행업계에서 회자되고 있을 것이다.

# 특정 고객층에 맞는 상품을 기획하라

고객층 형성이 쉬운 일이었다면 누구나 1인 여행사에 뛰어들었을 것이다. 모든 일이 그렇지만, 특히나 고객층을 확보하는 것은 시간과 정성을 요구한다. 쉽게 되지 않는다. 여행업에 뛰어들기 전부터 일정 수준의 고객을 확보하고 들어온 사람이라면 조금 시름이 덜하겠지만 그게 아니라면, 당장 수익부터 걱정해야 한다. 그렇기 때문에 패키지 판매와 병행해야 한다.

패키지 판매는 단체여행과 동일한 것으로 알고 있는데, 차이가 있다. 패키지 상품이란 대형 여행사가 만들어 놓은 여행상품을 대신 판매해주는 것을 말한다. 즉, 하나의 상품을 여러 여행사들이 판매해, 인원이 다 채워지면 상품이 마감되는 것이다. 보통 패키지 판매의 경우 상품에 따라 수수료는 5~10%를 받게 된다. 물론 진짜로 수익을 얻기 위해서는 본인이 기획한 상품을 팔아야 한다. 기획상품은 가격을 본인이 결정하기 때문에 수익까지도 사전에 철저히 맞출 수 있다.

반면 패키지 판매는 수익이 너무 적다. 100만 원 상품을 팔아서 많이 벌어야 10만 원이고 적으면 5만 원이다. 5명에게 팔면 25만 원에서 50만 원 사이의 수익이 생기는 것이다. 이것으로는 운영하기가 힘든 것은 두말할 것도 없다. 많이 팔면 되지 않느냐고 묻는다면 그렇다. 많이 팔아야 한다. 그것도 최소한의 시간을 들여서 팔아야 한다. 또한 적절한 마케팅도 병행해야 한다. 숙달된 패키지 판매 여행사는 여행 예약부터 출국까지의 절차를 2시간 내로 결정한다.

하나의 대형 여행사의 상품을 판다고 했을 때 5명에게 마케팅을 펼쳐, 예약하고 조건을 맞추고, 관리한 다음 사후 정산까지 하면 이득이 생기는 것이다. 실제로 이 패키지 판매를 주로 하는 소규모 여행사가 대부분이다. 쉽고 빨리 수익을 낼 수 있기 때문이다. 대형 여행사가 기획한 상품을 팔기만 하면 되는 것이기에 그렇게 어려울 것은 없다. 몇 가지의 상담과 제안, 관리법만 안다면 지속적인 고객 유치도 가능하다.

반면 본인이 기획한 상품의 경우 시작부터 마무리까지 곳곳을 신경 써야 한다. 전문성도 필요하고 때에 따라서는 다양한 섭외도 직접 해야 한다. 영업도 해야 하고, 관공서에 입찰할 경우 견적서를 쓰는 법도 알아야 한다. **그럼에도 진짜 수익이 남는 것은 바로 이 상품이며, 여행사의 이름이 알려지는 것도 이 기획상품이다.** 그러므로 1인 여행사는 초기에 수익을 올리기 위해 패키지 판매에 집중하는 한편, 고객층 확보에 집중해야 한다. 이 시기를 최대한 짧게 잡는 것이 여행사의 수명을 늘릴 수 있다. 그래서 고객층이 확보되면 이들을 위한 기획상품을 만들고 여기서부터 사업을 확장하는 것이 순서다.

덧붙여 기획상품의 경우 기획도 중요하지만 우선 신경 써야 하는 것은 항공권 확보다. 항공권 확보는 그야말로 갑과 을의 관계다. 패키지 관광이 주를 이루는 한국 여행시장은 항공권 확보가 여행사의 생명줄이라고 생각해도 된다. 특히나 대형 항공사의 갑질은 중소 여행사의 한숨을 저절로 자아내게 한다. 여행업계에서는 '항공권 확보'가 그 여행사의 수준을 증명하는 것이라고 생각할 정도다. 이는 여행업이 다른 산업군보다 기간에 따른 수요와 공급의 법칙을 더 민감하게 받기 때문에 발생하는 특이 현상 때문이다.

주로 여행은 12~2월의 겨울방학 시즌이나 7~8월 여름휴가 기간은 성수기로 분류한다. 이 시기에는 항공좌석이 항상 모자란다. 반면 비수기에는 좌석이 남는다. 여행사 입장에서는 성수기의 항공권을 최대한 싸게 사서 비싸게 팔아야 남는 장사를 할 수 있다. 여행기획도 이런 점을 기초로 해서 출발한다. 성수기의 판매 성패가 여행사 1년 매출과 이익에 큰 영향을 미치기 때문이다.

항공권을 얻기 위한 방법은 두 가지가 있는데, 아직 판매되지 않은 항공권을 미리 배정받아 사는 방식을 하드블럭, 이보다 약간 느슨한 방식을 흔히 ADM(Agent Debit Memo) 계약이라고 부른다. ADM은 항공사로부터 미리 배정받은 좌석을 일정 비율 이상 소진하지 못하면 페널티를 무는 방식으로 좌석 운영권을 확보하는 것이다.

여행사가 항공사에 좌석 100개를 미리 요청해 선점하고 있을 경우, 항공사가 ADM을 80%로 정하면 여행사는 최소한 80석을 팔아야만 페널티를 물지 않는다. 50석을 팔았을 경우 나머지 50석에 대해 페널티를 물게 된다. 79석을 팔아도 21석에 대한 페널티를 문다. 억울하겠지만 이것이 아주 당연하게 통용되는 것이 지금의 여행업계다. 더욱이 이런 계약방식마저도 항공사 뜻대로 바뀌는 경우도 많다. 여행사가 이미 고객에게 판매한 좌석을 항공사의 필요에 의해 회수해가는 것이 그런 상황이다. 이 경우 해당 여행사는 여행객에게 상품 가격을 할인해 주는 방식으로 출발 시간이나 날짜를 옮기거나 아예 목적지를 바꾸는 경우도 있다.

많은 사람들이 1인 여행사에 뛰어들어 기획상품을 만들려다 좌절하는 것도 이런 이유다. **그렇기에 더더욱 특정 고객층을 확보해 그들에 맞는 상품을 기획하는 것이 중요하다.** 이 경우 일부러 항공권을 선점하지 않아도 되기 때문에 스트레스를 덜 받게 된다.

많은 사람들이 1인 여행사에 뛰어들어 기획상품을 만들려다 좌절하는 것도 이런 이유다. 그렇기에 더더욱 특정 고객층을 확보해 그들에 맞는 상품을 기획하는 것이 중요하다.

**3장** 여행기획자와
1인 여행사

# 여행기획의 기본은 가성비다

가성비(가격대비 성능)란 말은 21세기 소비트렌드의 핵심이다. 마냥 싼 것보다는 약간의 돈을 더 지불하더라도 더 좋은 효과를 얻기 위한 소비 행위다. 그렇다고 해서 비싼 것은 아니다. 사실 가격 차이는 크게 나지 않지만 좀 더 나은 성능을 고르는 것을 말한다. 이것은 무엇을 의미할까? 소비자들이 판매자들의 설명을 믿기보다 직접 그 제품을 평가할 수 있는 안목이 생겼다는 것을 말한다.

여행업에서도 이런 룰은 적용된다. 아니 정확히 말하자면, 여행업이야말로 가성비 상품의 전쟁터다. 지금 당장 인터넷에서 동남아 여행을 쳐보면 알 수 있다. 여행사에서 파는 상품부터 개인 여행자들의 후기, 꼭 가봐야 할 곳, 맛있는 집 등 굳이 여행사가 아니어도 다녀올 수 있는 충분한 정보가 수두룩하다. 유튜브도 마찬가지다. 아예 거기에는 직접 현지를 찍어 생생한 상황을 전달해주기도 한다.

**이런 상황에서 고객들이 여행사를 찾는 이유라면 무엇이겠는가? 개인 여행보다 이동하기 편하고, 머리 아프게 어딜 갈지 짜고 싶지 않기 때문인 경우가 많다.** 그렇다고 해서 유명하다는 맛집이나, 예쁜 카페 등을 안 가고 싶은 것은 아니다. 그렇기에 개인 여행보다 약간(아주 약간)의 비용을 더 지불하더라도 안전하고 편하게 가고자 여행사를 찾는 것이다. 결국 여행사는 이런 고객의 니즈를 파악하고 여행 경로를 짜야 한다. 특히 1인 여행사는 고객 친화를 더욱 강화해야 한다는 점에서 아예 **시작부터 '내가 고객이라면 어떨 것인가'를 염두에 두고 여행기획을 구상해야 한**

**다.** 더욱이 비용 역시 들쭉날쭉하다. 신생 여행사가 끼어들기에는 만만치 않은 부분도 상당하다. 확실한 것은 그 여행사만의 독특한 기획상품이 없다면, 1인 여행사는 그저 대리점에 불과하다는 점이다.

국내여행의 기획을 예로 들어보자. 개인적인 노하우이지만 여행기획의 첫 번째는 '어디로 갈까?'가 아니라 '뭐하러 갈까?'를 먼저 떠올려야 한다. 예를 들어 4월과 5월은 국내여행기획을 구성하기 쉽다. 가격도 싸질 수 있다. 이 시기에는 각 지자체별로 관광객 유치를 위해 숙박·교통편 할인에 여행지 할인까지 줄줄이 이어지기 때문이다. 더욱이 지역 대표 프로그램, 참여 기관 혜택, 각종 이벤트에 대한 상세한 내용과 신청 방법은 여행주간 공식 누리집에서 확인할 수 있기에 기획 만들기에는 아주 절호의 찬스다. 특히 문화체육관광부와 한국관광공사, 한국관광협회중앙회가 전국 광역지자체와 함께 마련한 올해의 여행주간은 매년 봄에 이뤄진다. 정부에서 여행지 라인업을 짜주는 것이다.

1인 여행사라면 이런 기회를 놓쳐서는 안 된다. 즉

매사에 여행과 관련된 안테나를 세우고 있어야 한다. 이것이 바로 초보가 고수를 뒤따라잡을 수 있는 전략이다. 바로 정보 습득이다. 이밖에도 여행주간에는 엄청난 가성비 코스가 산재한다. 대표적인 것이 2만 원의 행복 템플스테이다. 템플스테이 힐링코스는 대부분 1박2일에 7만~10만 원대를 오간다. 더 넘을 때도 있다. 그런데 이것이 20%로 확 줄어든다. 특히나 전국 105개 사찰이 참여한다. 신청방법은 간단하다. 불교문화사업단 홈페이지를 통해 신청하면 된다. 이런 힐링코스가 있다면, 여기에 해당 지역의 다른 여행지를 첨가하고 맛 기행을 더해 '2박3일 내 마음에 자유를 주는 시간' 등의 테마를 정하면 간단히 여행기획상품이 탄생한다. 가격도 싸고, 휴식을 원하는 고객들의 니즈도 충족하고, 구성만 탄탄하다면 여행사에 대한 호평도 이어진다.

해외여행도 마찬가지다. 단순하게 홍콩을 예로 들어보자. 어차피 떠나는 항공요금이나 지상요금(뒤에서 더 자세하게 이야기 하겠다)은 대형 여행사를 따라 잡을 수가 없다. 그렇다면 여행경비는 약간 비싸지만 홍콩을 찾는 이들의 니즈인 '쇼핑' 그것도 '중저가 쇼핑'을 노리는 여행기획상품을 만들어보자. 2박3일이라면 하루는 유명 관광지를 돌아본 뒤, 다음날은 쇼핑센터를 찾아가면 된다. 여러 쇼핑몰이 있지만 눈과 입의 호사를 누릴 수 있는 곳, 하버시티 (Harbour City)를 선택해 여기에 고객들을 안내하면 된다.

하버시티는 오션터미널, 오션센터, 마르코폴로 호텔 아케이드, 게이트웨이 아케이드까지 총 4개 빌딩에 빼곡하게 들어선 숍이 총 700여 개 있다. 패션 명품부터 라이프스타일 소품까지 국내에서 좀처럼 찾기 어려운 브랜드를 망라한 레인 크로포드 백화점은 멋쟁이들의 아지트고, 저렴한 가격으로 득템할 수 있는 중저가 브랜드도 다채롭게 포진해 있다. 최근 문을 연 피규어 매장 핫토이는 남성 고객들의 가슴을 설레게 할 수 있다. 이곳에서는 아이언맨과 캡틴 아메리카 피규어가 발길을 반기고, 실물처럼 정교한 마블 캐릭터 피규어가 매장을 빼곡하게 채우고 있다. 또한 하버시티에는 100곳 넘는 레스토랑과 카페가

입점해 있다. 랄프로렌과 비비안웨스트우드에서 운영하는 커피숍까지 있다. 여기에 미슐랭 별을 획득한 적 있는 예상하이에서 정통 상해음식을 즐길 수도 있다.

고객들의 자유여행과 쇼핑에 대한 니즈를 충분히 충족시키면서도 이동에 대한 경비를 줄일 수 있다는 점에서 1인 여행사가 구상하기 딱 좋은 기획이다. 기획 제목은 '홍콩 자유 쇼핑 2박3일' 정도로 정해보자. 이처럼 여행기획은 가격과 만족도가 반비례하도록 구성해야 한다. (물론 완벽하게 반비례 할 수는 없다) 그렇지 않으면 1인 여행사가 대형 여행사 아니 중견 여행사와 붙어서 이길 방법이 없다. 이기는 것은 둘째 치고 특색 없는 1인 여행사를 누가 찾겠는가.

**반면 일단 가성비가 높은 여행사로 입소문이 나게 되면 그 다음부터는 조금 편해진다.** 그렇다고 이 상품이 다른 여행사에게 카피되지 않으리란 보장은 없지만, 그래도 고객들이 알아준다는 점에서 손해보단 이득이 많다.

# 시대에 맞는
## 트렌드를 잡아라

2019년은 대한민국 임시정부 수립 100주년인 데다가 3·1 독립운동 100주년, 안중근 의사 서거 110주년이었다. 전국적으로 다양한 행사가 연중 계속 진행됐고, 국가적 관심도 집중됐다. 여행업은 어땠을까? 2019년 상반기 가장 두드러진 테마상품은 바로 '역사 기행'이었다. 여행사의 입장에서는 전국적 이슈는 곧 테마이기 때문에 이와 호응할 수 있는 상품을 발빠르게 준비해야 한다. 특히나 역사 기행은 일반 여행자뿐만 아니라, 관공서, 학교 등에서도 관심을 보일 수 있는 상품이고 실제로도 그렇다.

여기 하나투어를 보자. 2019년 대역사의 해를 맞아 하나투어는 '전문가와 함께 떠나는 테마여행'을 콘셉트로 잡았다. 그리고는 한국사 강사 은동진과 같이 떠나는 역사 기행 프로그램을 만들었다. 해당 역사 기행은 대한민국임시정부 수립 기념일인 4월 11일 출국해 14일까지 3박 4일간 ▶ 상해 ▶ 항주 ▶ 해염 ▶ 가흥의 대한민국임시정부와 의거지를 방문하는 코스로 구성되어 있다. 여행 셋째 날인 13일에는 현지에서 은동진 강사가 한국사 강의를 진행, 수준 높은 역사 공부를 진행했다.

어떤가? 시간도 적절하고 테마도 확실하다. 여기에 전문가가 동행한다는 킬러아이템도 자리한다. 이런 여행 상품의 경우 가족들의 신청이 이어질 수밖에 없고, 단체에서도 신청이 들어온다. 사실 테마여행은 엄밀히 말하면 여행사의 생존을 위한 몸부림이다. 여행을 떠나려는 사람이 많다면 굳이 테마를 선정하거나 전문가를 초청 안 해도 된다. 여행지만 제대로 밝히면 된다. 하지만 그것이 아니다. 지난 2008년과 2018년 해외패키지여행 예약데이터(하나투어)를 비교해보면 우리나라 해외여행객들의 평균 여행동반자 수는 2008년 3.6명이었으나, 2018년에 3.2명으로 감소했다.

보기에는 "1명도 아닌 0.4명 줄었네."라고 할 수 있지만, 이 10년 사이 탄생한 여행사는 과연 몇 개였을까? 또 앞으로 탄생할 여행사는 몇 개일까? 이것을 고민해본다면, 줄어든 여행객 수치는 여행업계의 뒷목을 잡게 하기에 충분하다. 여기에 최근 5년 정도의 흐름을 살펴보면 해외여행이 나가기가 쉬워지면서 짧은 패턴으로 자주 출국하는 패턴이 대세다. 위의 통계를 보면 2008년에는 1회 출국 시 평균 5일 동안 즐겼던 해외여행 패턴이, 2018년에는 4.8일로 소폭 줄어든 것이 그것이다. 과거엔 보통 4박5일에서 6박7일이 대세를 이뤘다면 지금은 3박4일에서 4박5일이 주된 상품이고, 심지어 가까운 나라의 경우 1박2일과 2박3일 상품도 나오고 있다.

왜 이럴까? 지난 10년 새 저비용항공사들을 중심

으로 베트남, 중국, 동남아 등 가까운 해외도시를 오가는 항공노선이 급격히 증가했기 때문이다. 아울러 연차를 1~2일 붙인 짧은 주말여행도 영향을 끼쳤다. 이런 변화는 당연하게도 여행업계의 환골탈태와도 이어진다. 쉽게 나갈 수 있다는 것은 굳이 여행사를 통해서 나가지 않아도 된다는 뜻이기 때문이다. 이런 추세 탓에 패키지여행 상품을 중심으로 성장했던 대형 여행사 역시 전략 변경에 착수했다. 그 예로 하나투어는 자유여행 오픈마켓 플랫폼 '모하지(Mohaji)'를 2019년 초 론칭하고 정식으로 서비스를 개시하는 등 자유여행 상품 경쟁력 강화에 나섰다. 또 여행용품전문 쇼핑몰 하나샵 역시 홈페이지 리뉴얼을 단행했다.

모두투어는 다양한 분야와 여행상품을 접목하는 방법으로 패키지 상품 차별화에 착수했다. 여행의 테마와 엑티비티 등 특정 컨셉을 강조한 테마여행이 새로운 여행트렌드로 자리잡은 데 착안한 것이다. 이에 따라 테마여행 브랜드 '컨셉투어'를 론칭하고 스포츠, 연예, 역사 등 다양한 분야와 협업해 패키지 상품 차별화에 나섰다. 여기에 모두투어는 엔터테인먼트 전문기업 아이에이치큐(IHQ)와 업무협약을 체결하고, 여행과 연예엔터테인먼트를 결합한 다양한 콘텐츠를 개발, 홍보하는 공동 마케팅에 나서기로 했다.

중견 여행사들도 마찬가지다. 기존 여행과 차별화를 두기 위해 전문가를 대동한 와인여행이나, 두 여행지를 한 번에 여행할 수 있는 '1+1' 형태의 상품을 개발하기도 했다. 어디 이뿐일까. 봄이면 봄꽃 여행, 기차타고 로키산맥 여행, 한옥 추억여행, 느리게 가는 여행, 당일치기 해외 먹방 여행 등 자유여행과 테마를 결합한 상품들이 계속 쏟아져 나오고 있다.

필자의 여행사 역시 팝페라와 같이 떠나는 여행을 기획해 성공을 거둔 바 있다. 그냥 관광지로 떠나는 여행은 앞으로는 과거처럼 팔리지 않는다. 더구나 1인 여행사의 경우 첫째도, 둘째도 고객 친화적이어야 한다. 여행사의 입장이 우선이 아니라 고객의 입장이 우선이어야 한다. 그렇기에 테마 선정부터가 여행사의 운명을 좌지우지한다.

이런 테마를 잘 선정하기 위해서는 무엇이 필요할

까?

**첫째, 흐름을 잘 읽어야 한다.** 지금 이 시대의 사람들이 여행을 통해 얻고자 하는 것이 무엇인지, 왜 떠나려 하는지를 파악해야 한다.

**둘째, 개인이 여행에 지출할 수 있는 평균 비용을 항상 머릿속에 넣어둬야 한다.** 이는 월별로 다르기 때문에 매월 어느 지역, 몇 명은 얼마 등의 비용을 기억해두자.

**셋째, 다양한 정보를 수시로 습득하고 저장하라. 21세기는 정보의 전쟁터다.** 많은 정보를 알고 있는 자가 승리한다. 여행업도 마찬가지다. 지금 유행하는 영화, 패션, 트렌드는 물론이고 새롭게 뜨고 있는 여행지, 아직 개발되지 않는 여행지, 새로운 여행 상품 등 모든 것에 촉각을 두고 관심을 갖고 저장해둬야 한다.

모든 것들이 한데 얽혀서 자신만의 테마가 되기 때문에 늘 세상에 대한 호기심의 끈을 놓지 말았으면 한다.

**3장** 여행기획자와
1인 여행사

그냥 관광지로 떠나는 여행은 앞으로는 과거처럼 팔리지 않는다. 특히나 1인 여행사의 경우 첫째도 둘째도 고객 친화적이어야 한다. 여행사의 입장이 우선이 아니라 고객의 입장이 우선이어야 한다. 그렇기에 테마 선정부터가 여행사의 운명을 좌지우지한다.

# 여행기획에서
## 여행비 산출과 절감

이번 장은 실무적인 이야기가 주를 이룬다. 실무를 모르고서 여행업을 한다는 것은 어불성설이기 때문이다. 그렇다고 누구나 아는 당연한 사실을 이야기하기란 좀 그렇다. 그래서 이번 장에서 다루는 것은 여행기획시 여행비 산출하는 방법과 그에 따른 절감법을 소개하도록 한다. 대형 여행사가 아닌 이상, 심지어 대형 여행사 역시 여행 상품에서 가장 중요한 핵심으로 가격을 꼽는다. 정확히는 가격 대비 가치가 높은 상품을 만들기 위해 지금도 노력 중이다.

같은 가격인 데도 A 여행사는 만족스러운 반면 B 여행사는 불만이 속출할 수 있다. 같은 가격인데도 왜 여행 만족도에서 차이가 날까? 그것은 경비를 절감해야 할 곳에서 절감하지 못하고, 엉뚱한데 손을 데서 그런 것이다. 여행기획이란 그런 것이다. 기본적으로 특정 나라의 여행 코스를 만들고 거기에 테마를 입힌 다음, 가격을 손 봐야 한다.

### '조금이라도 저렴하게, 그러면서도 고급스럽게'

이 모순을 해결하는 것이 1인 여행사의 여행기획이며 생존 법칙이다. 이런 가성비 있는 여행기획을 하기 위해서는 먼저 우리가 기획해야 할 상품이 무엇인지를 알아야 한다. 여행상품은 패키지, 허니문, 기획, 인센티브로 나뉜다. 패키지는 출발일, 가격, 일정, 서비스의 내용이 결정된 상품으로, 보통 15명 출발 기준으로 요금을 산출·판매하며 최소 출발인원은 10명 선에서 운영된다. 허니문의 내용과 요금산출 근거는 패키지 상품과 동일하나 출발일을 한정하지 않고, 요금은 보통기준 인원 2명으로 산출한다.

기획상품은 계절별 상품 또는 특별행사나 판촉을 위하여 기획하는 상품으로, 대부분 출발인원을 30명 이상으로 기준삼아 요금을 산출하기 때문에 요금이 저렴하며, 서비스의 내용을 추가하여 운영하기도 한다. 인센티브 상품은 주문자형 상품으로 일정과 서비스의 내용을 고객이 직접 요구하기 때문에 요금 산출도 고객 요구수준에 따라 달라진다.

그렇다면 가격은 어떻게 산출할까? 우선 상품의 구성요소를 파악해야 한다. 구성요소는 고객이 관광을 하는데 필요한 제반시설과 비용, 수수료로 구성된다. 먼저 공중교통이 있다. 항공기 등을 지칭하는 것으로 주요 지역 간, 국가 간, 대륙 간을 이동하며 지역적으로 약간은 차이는 있지만 전체 여행비용의 약 30~60%를 차지한다. 지상교통은 버스, 철도, 케이블카 등의 지상 이동수단 중 버스가 주요 이동수단으로 사용된다. 따라서 한 팀을 구성하는 인원이 많아질수록 1인당 비용은 낮아진다.

숙박시설의 경우 초특급호텔(super deluxe : 5star), 특급호텔(deluxe : 4star), 1급호텔(1st class :

3star), 기타 등으로 구분되며 동일 상품일지라도 이용하는 호텔 등급에 따라 가격 차이가 발생한다. 여기에 식사시설은 식당, 야외식당, 극장식 식당 등 식사시설로 이용하는 식당 등급과 메뉴에 따라 여행비용에 큰 차이가 있어 판매가 결정에 큰 영향을 미친다. 관광시설은 사적지, 위락시설, 공원 등 여행객을 유인하는 유료, 무료 시설을 말하며, 입장 여부에 따라 비용의 차이가 발생하므로 이에 대한 명확한 확인이 필요하다.

인솔자와 가이드도 비용이 소요된다. 전체 일정과 서비스의 내용을 감독하고 고객의 불편을 해소시키는 역할을 수행하는 인솔자는 최근 영역별 세분화가 이루어져 전문인솔자가 인솔업무를 전담하는 경우가 많다. 그러나 1인 여행사는 대표가 맡는 경우가 대부분이다. 가이드는 목적지에 도착한 여행자를 위하여 송출회사를 대신해 여행자에게 안내 또는 계약된 내용의 서비스를 제공하는 사람으로 대부분 한국인이지만 지역에 따라 현지인이 안내를 담당할 수도 있다.

쇼핑은 여행의 즐거움을 배가시키는 수단이지만 지나친 쇼핑 강요와 일정은 고객의 불만을 유발하는 원인이 되기도 한다. 쇼핑센터에서 여행자가 쇼핑을 하게 되면 그에 따른 일정액의 수수료가 여행업자에게 주어지는 것이 상례이며, 이것은 여행업의 주요 수입원이기도 하다.

이밖에 세금과 보험이 있는데 공항세는 각 지역 또는 국가별로 공항을 이용하는 비용을 징수하기도 한다. 징수하는 방법은 지역에 따라 달라 항공권 비용에 포함하기도 하고, 직접 지불하기도 하며, 징수하지 않는 지역도 있다. 보험은 여행 중 발생할 수 있는 각종 사고, 사망, 상해, 손해, 분실 등에 대비하여 가입하는 보험으로 보통 5천만 원 해외여행자보험에 가입한다. 납입비용은 보상받는 각 항목의 배상 정도와 기간에 따라 달라지고 각 보험 회사별로 차이가 있으며 한 팀의 인원이 많을수록 비용이 할인된다.

여행 상품의 판매가는 위에서 언급한 것들 중 쇼핑을 제외한 각각의 상품구성 요소들의 비용을 합하여, 총비용에 일정액 또는 비율을 수수료로 산정하여 판매가를 결정하게 된다. 보통 수수료의 비율은 비용의 10~20% 사이에 결정된다.

판매가 결정의 구체적인 예는 다음과 같다.

**판매가** = 항공료 + 지상비 + 기타비용 + 수수료(항공료 + 지상비 + 기타비용) × 0.1

**지상비** = 호텔비 + 식사비 + 교통비 + 입장료 + 가이드비용 + 기타

**기타비용** = 보험료 + 공항세 + 예비비

각 비용을 구성하는 요소들을 인지했다면 지금부터는 비용을 책정하는 과정에 대해서 이야기해보도록 하자. 여행에 있어서 비용은 그 여행사의 생존을 좌지우지하는 중요한 부분이다. 포인트는 **어떤 비용이든 그 가격에서 만날 수 있는 최상의 기획을 제공해야 한다는 것이다.** 이에 따라 여행상품 개발시 기본 일정 설정부터 단단하게 잡아야 한다. 상품의 기본이 되는 일정을 설정하는 작업은 건축의 기본 작업과 같으며, 이에 따라 어느 항공사의 항공기를 이용할 것인지, 어느 지역의 숙박시설을 이용할 것인지 어느 관광지를 방문할 것인지 등에 따라 비용 윤곽이

결정된다.

항공사 선정도 중요하다. 상품을 구성함에 있어 기획의 의도가 저렴한 상품 위주로 구성할 것인지, 편리함을 위주로 구성할 것인지가 분명해야 한다. 왜냐하면 인천공항을 출발해 동일한 목적지로 이동한다 해도 이 구간을 직접 이동하는 항공기를 이용하는 것과 경유하는 항공기를 이용하는 것에서 비용 차이가 발생하기 때문이다. 항공료 선택에도 염두에 두자. 이 부분이 타사와 동일한 일정과 서비스일지라도 판매가의 차별이 발생할 수 있는 중요한 차이다.

**서비스 내용에서는 가급적 비용 절감을 하지 말자.** 상품의 이동경로, 호텔, 식당, 방문지를 결정하는 것은 상품의 질을 결정하는 것으로서 이를 결정할 때는 가급적 많은 사람의 의견과 인솔자의 보고서 등을 참고해야 한다. 개인적으로는 이 부분에서 비용 절감을 하게 되면 고객들의 만족도가 크게 떨어진다. 지상비 협상의 경우 서비스의 내용에 따라 결정되지만 동일한 서비스에 대해서도 사실상 비용이 달라질 수 있다. 이는 여행사가 현지 관광사업체에 대해 연

중 여행자를 송객하는 공급량과 자본력, 신용도에
따라 각 업체가 제시하는 가격이 다르기 때문이다.
주로 대형 여행사들이 이 부분에서 비용 절감을 하
는 경우가 많다.

# 여행계약 직후부터
# 업무는 시작된다

여행사의 진짜 업무는 여행 상품이 판매되고 난 후부터 이뤄진다. 이 부분은 여행사별로 큰 차이가 없을 정도로 평이하지만, 그만큼 기본 중의 기본이다. 중견 여행사 정도면 사원들이 분야별로 나누어 맡아 처리하겠지만, 1인 여행사의 경우 1명에서 3명 내외에서 담당하기 때문에 손이 바쁘다. 익숙해지면, 알아서 처리하게 되지만 그럼에도 불구하고 진행과정에서 펑크 나는 변수는 항상 있다. 그렇기에 이번 장은 꼭 외워둬야 할 업무 순서들을 기록했다.

먼저 여행상담의 경우 일정 구성을 정확히 숙지해야 실수가 없다.

- 시기별/요일별/항공편별/호텔별/기타 조건별 여행요금
- 이용 항공편의 출발과 도착시간
- 국내공항-여행목적지/여행목적지-국내공항까지의 항공소요시간
- 이용 호텔명과 호텔의 시설(특히 전압과 드라이기, 와이파이 사용 가능 유무)
- 식사의 종류와 회수
- 옵션 투어의 종류와 가격
- 현지의 기후, 옷차림, 시차
- 목적지 방문에 필요한 비자서류 또는 여권유효 잔여기간

이상은 고객에게 전달하는 사항임으로 하나도 빠트리지 않고 숙지해야 한다. 예약 역시 여행의 조건을 정확히 고지하고 다음 사항을 파악해 가이드와 현지에 전달하도록 한다.

- 고객의 한글/영문이름
- 대표자, 모임명, 예약자의 이름과 연락처
- 고객의 자택/사무실 전화번호와 집주소, 이메일
- 주민등록번호
- 객실의 타입(싱글/더블/트윈/트리플)
- 예외 일정 및 그에 따른 비용
- 여권 및 비자의 유무/유효기간과 그 소재지
- 결제카드번호, 유효기간, 카드사명, 카드자명

　　특히나 예약시 필수 고지사항이 있는데 판매가 및 할인율을 비롯해 출발 조건(패키지 10명 이상 등), 출발가능일 최종통보(10일 전), 이용호텔(메인과 서브를 동시에 고지), 이용 항공편 및 대체 항공, 취소료 부과율 등이다. 여기에 좀 더 추가를 하면 해외여행 신고서 휴대(해당자), 계절별 요금변동 가능성(특히 4월/7월/12월 출발자 및 신혼여행 신청자) 등이다. 여행시 자유시간 중 중식 유무는 고객들에게 알려야 한다.

수속은 확실한 체크밖에는 답이 없다.

- 필요 서류의 정확한 파악(상호 확인필)
- 수속비용의 정확한 수불
- 수속비용은 반드시 선불로 현금처리하고 영수증을 발급
- 접수 서류는 기재사항 확인 후 수속 담당자에게 전달
- 전달 시 상호 서류인수인계 확인 가능한 장부에 기재하고 수속비 전달
- 수속 대행 시 여권 또는 비자 발급일을 장담하는 것은 금물

항공/지상/보험 등은 인솔자와 여행사 모두 숙지하고 있어야 한다.

- 항공 상품별 이용항공 및 좌석수 숙지
- 상품별/계절별/성인, 소아, 유아별 항공료 숙지
- 목적지별 단순왕복 항공료 숙지
- 상품별 대체 가능한 항공권 및 시간대 숙지
- 항공사별 FOC(Free Of Charge) 및 STPC 규정 숙지
- 항공사별 커미션 규정 숙지
- 매주 항공환율 숙지
- 예약 슬립/Address or PNR(Passenger Name Record) 수시 체크로 항공사고 사전 예방

- 지상의 경우 목적지별/시간대별 상세일정 숙지
- 여행경비에 포함된 내용 명확히 숙지
- 이용호텔 준수(메인과 서브가 분명하도록)
- 시즌별/기간별 지상비 숙지
- 계약서 보관
- 문서는 반드시 단체별/출발일별 파일을 만들어 송부 후 확정서와 함께 보관

마지막으로 수배 의뢰시 통보할 내용 등도 알아둬야 한다.

- 단체명 및 출발일(예=WTU-01-01-25)
- 출발인원 및 FOC인원
- 현지 도착 및 출발 항공편의 이름과 시간
- 인솔자 이름 ·의뢰 호텔명
- 차량의 크기 및 가이드
- 식사의 종류 및 회수
- 기본 일정표
- 여행자 영문 명단과 루밍리스트
- 루밍리스트에 의한 룸타입과 방수
- 현지일정 예정자 명단과 일정
- 특별 요청사항

여기까지 확실한 체크가 이뤄졌다면 이제부터 남은 일은 설명회를 갖는 일이다. 최근에는 단순히 이메일로 통보하는 경우도 많아졌지만, 나이가 있는 고객들이 많을 경우 설명회를 갖는 것이 좋다. 사전에 매뉴얼을 만들어 배포하는 것도 중요하다. 또한 설명회에서 고객들의 얼굴을 익히고 요구사항을 직접 듣는 것도 여행을 진행함에 있어 좋은 분위기를 만들 수 있다. 통상적으로 설명회 일정과 출발 가능 여부 통보는 출발 10일 전에 하는 게 좋다. 또 예약대장상에 통화완료 여부를 반드시 기재해 중복통화와 통보 미스가 발생하지 않도록 주의한다.

기본 일정과 실제 일정상의 차이가 있을 경우에는 반드시 설명회를 통하여 사전 통보한다. 특히 모객 부족으로 출발이 어려울 경우에는 먼저 출발가능한 타사 상품을 조회한다. 또 해당사의 지명도와 서비스의 질이 당사 이미지에 손상을 주지 않으며 가격 차이가 많이 나지 않는 회사로 추천하는 것도 좋은 방법이다. 알아둬야 할 것은 출발 불가에 대한 통보는 여행사의 과실이 아니며 사전 예약과정에 고지

된 상태이므로 미안한 마음으로 응대하되 고객이 자신의 측면만을 의식하여 손해배상을 요청할 경우에는 당당하게 응대한다. 아울러 출발불가로 인한 고객불만을 최소화하기 위해서는 예약 후 평소 고객과의 전화접촉을 통하여 모객상태 또는 출발 가능성에 대하여 정보를 전달하는 것도 좋은 방법이다.

설명회 전 숙지해야 할 것은 아래와 같다.

- 기본일정 및 확정일정의 차이
- 이용호텔명 및 전화번호와 위치
- 여행경비와 조건  • 목적지의 기후  • 환전하는 방법
- 고객의 수속 진행상황  • 고객의 특별 요청사항의 진행상황
- 고객의 연령에 따라 출국 전 준비해야 할 서류(해외여행자 신고확인서) 등

또한 고객정보 파악도 중요하다. 고객의 신상 중 미비사항을 체크(주민등록번호, 주소 등)하고 직업(인솔자가 팀 성격을 파악하는데 큰 도움이 됨)을 파악해두면 좋다. 고객의 여권소재 및 유효기간 확인은 필수다. 단수인지, 복수인지 여권의 종류도 확인하고 비자를 필요로 하는 지역을 방문할 경우 고객이 동

반여권 상태일 경우 동반자의 비자를 받았는지를 확인하자.

설명회는 보통 출발 3~10일 전에 한다. 예약할 때와 달리 많은 이들이 모이는 날이기 때문에 여행사의 대응이 중요하다. 설명회 30분 전까지 일정표, Baggage Tag, 뱃지, 기념품, 음료수를 준비하고 엘리베이터 입구에는 설명회장 안내판을 부착한다. 다만 먼저 방문한 고객에 대해서는 사전 설명을 하지 않고 반드시 약속된 시간에 시작한다.

**설명회 진행순서**

❶ 인사

❷ 팀의 규모와 성격 소개

❸ 전체 일정 윤곽 설명

❹ 일별 일정 설명

❺ 출발 항공편 및 미팅시간과 장소 재확인

❻ 여행지의 기후 및 의복상태, 준비물 설명

❼ 질의 응답

❽ 특별 일정 요청지 일정 확인

❾ 기 작성전표 확인

늦게 도착한 고객이 설명 도중 궁금한 것을 물어올 경우 이를 정중히 차단하고 설명회 종료시 질문 시간을 통해 보충 설명할 것을 고지한다. 설명회까지 마쳤으면, 출발 전까지 전체를 다시 한 번 확인해야 한다. **여행업의 기본은 확인과 또 확인이다.** 현지에서 문제점을 발견하면 수습하기도 쉽지 않다. 떠나기 전 부족함 없이 모든 것을 체크해놔야 한다. 가장 우선해야 할 것은 인솔자의 파일을 작성해놓는 것이다. 인솔자는 여행수속을 위해 여권 유효기간과 동반자 여권을 체크하고, 비자유무를 다시 확인한다. 또 한 번 출국에 필요한 서류를 점검한 뒤 여행보험도 체크하자.

인솔시에는 여권과 고객 리스트, 호텔 방 리스트, 항공PNR, CFM SHEET, 여행 일정표, 이용 항공사의 Time Table, 이용호텔의 전화번호, Voucher, Baggage Tag, 영어회화 책자/사전, 현지 최신정보, 예비비, 보험가입증서 등을 항상 소지하고 다녀야 한다. 이밖에 여권커버, 가이드북, 시티 맵, 문구류(견출지, 바인더, 스테플러, 계산기 등), 명함, 수첩, 인솔자

출장보고서 등도 구비하자. 본사 비상연락망이나 현지 대사관 전화번호, 현지 'Operator'의 연락처도 숙지해야 한다.

여행에 대한 전반적인 매뉴얼은 우수 여행사인 하나투어의 매니저 매뉴얼을 참조로 했다. 아울러 전국 국외여행인솔자교육기관협의회에서 출간한 《국외여행인솔자 공통실무》와 (사)한국여행서비스교육협회에서 출간한 《국외여행인솔자 자격증 공통 교재》를 참조했다. 평소 강의 시 내가 추천하는 책들이다. 자격증에 관해 더 자세한 사항을 학습하고자 할 때는 이 책들을 참조로 하길 바란다. 세계여행기획 전문가로서, 100세 시대 정년 없는 직업을 향해 가는 이들을 위한 작은 노하우를 펼친 것이라고 봐도 좋을 것이다. 혼자 마케팅하지 말고 협업 마케팅하면 보다 큰 시너지를 낼 수 있다. 파이는 한정된 것이 아니라는 사실을 여행기획을 하면 할수록 느낀다.

# chapter 4

## 인솔자,
## 여행의 전부이자
## 기본

어디를 가든
어떤 사람들과 같이 하든
마치 여행이
처음이라는 기분으로
여행인솔에 임하라
나도 재미있고,
같이 하는 이들도
재미있어진다

# 여행 분위기는
# 인솔자가 결정한다

이번 장에서는 현장에서 어떤 방법으로 해야 할지를 이야기해보도록 한다. 여행사는 사실 여러 복잡한 매뉴얼이 있다. 고객 전화 응대부터, 영업, 컴플레인, 현지에서의 돌발사고, 또는 고객의 갑작스러운 요구사항 등 일일이 열거하기도 힘든 일들이 거의 매번 나타난다. 베테랑 인솔자들도 당황할 때도 있다. 어디 인솔자뿐이겠나. 사무실에서 전화를 받는 것부터 변수의 연속이라, 내근 직원들도 스트레스를 많이 받게 된다.

그런데 1인 여행사는 이 모든 것을 혼자서 해야 한다. 물론, 큰 여행사처럼 대규모 고객을 하루에도 몇 건씩 받는 것은 아니기에 정도의 차이는 있다. 그럼에도 여행을 구성하는 여행기획자와 인솔자가 동일한 구성이다 보니, 스트레스를 두 배로 받을 확률이 매우 높다. 설상가상으로 돌발 상황에 대처하는 것 역시 결코 쉽지 않다. 경험이 없다면 외국에서 그야말로 '멘붕'에 시달릴 수 있다.

내가 좋아 시작한 여행업이지만, 돈을 받는 순간 프로가 된다. 아마추어는 80점이면 박수를 받지만 프로는 80점이면 돌 맞는다. 내가 고객이라도 그렇다. 같은 돈 내고 1인 여행사를 택하는 이유가 뭐겠나. **프라이빗한 코스 설계와 여유, 그리고 마치 나만을 위한 전용 인솔자의 느낌을 받고 싶어서일 확률이 높다.** 이런 고객들의 니즈를 만족시키려면 제대로 된 매뉴얼과 센스가 필요하다.

지금부터 알려주는 매뉴얼은 그런 상황을 위한 기초적인 배움을 의미한다. 기초라고 무시해서는 안 된다. 이것만 제대로 숙지하고 있어도 웬만한 돌발은 커버된다. 이나마도 숙지하지 못한 기획자나 인솔자도 수두룩하다. 이번 편에서는 기획자보다는 '인솔자'에 대한 매뉴얼을 진행한다. 사실 **"여행의 즐거움과 분위기가 좋고 나쁨은 인솔자로 결정된다."**는 말이 있는데, 이 말은 여행업의 정설이다. 큰 여행사의 경우 인솔자의 업무추진 방법을 통일하고 진행 방법도 유사하게 교육한다. 그도 그럴 것이 인솔자는 여행기간 중 매일 24시간 모든 생활을 고객과 함께 하게 된다. 이것은 사회생활에서는 보여주지 않아도 될 일상의 모습이 노출될 가능성이 높다는 것이다.

예를 들어 하루 일정을 마치고 숙소에 들어가면, 고객들은 휴식시간이지만 인솔자도 과연 휴식시간일까? 아니다. 인솔자의 휴식시간은 존재하지 않는다. 언제 어느 때든 담당하는 고객들의 사건 사고에 대비해 긴장하고 있어야 한다. 이것이 정석이지만, 인솔자도 사람인데 그게 과연 가능하겠나? 2~3일이야 긴장 탓에 풀어질 리 없지만 4일쯤부터 슬슬 고객과 친해지면서 퍼지기 시작한다. 이럴 때 인솔자가 가장 많이 하는 실수가 자신의 일상을 여과없이 노출시킨다는 점이다. 물론 일상을 의도적으로 노출시키는 인솔자도 있다. 바로 전인격(진짜 인격)을 좋은 방식으로 포장할 줄 하는 인솔자다. 일상을 통해 스스럼없고 소탈한 전인격을 보여줘 고객 재생산으로 활용하는 부류가 바로 이들이다.

그렇지만 인생 뭐 그렇게 복잡하게 살 필요 있나. 우리는 여행의 의미를 판매하는 것이지 인솔자의 인격을 파는 것은 아니지 않나. 그러니 여행이 끝날 때까지 최대한 긴장을 풀지 말고 집중하자. 차라리 그게 더 나을 때도 있다. 그럼에도 일상이 노출될 때를 대비해 기본적으로 갖춰야 할 소양을 미리 연습해두는 것은 나쁘지 않다. 유비무환이란 말이 바로 이럴 때를 위해 있는 것이다.

**여행업에서는 인솔자가 갖추어야 할 덕목을 다섯 가지로 분류한다. 성실·명랑·세련·신속·확실이 그것이다.** 모름지기 인솔자란 고객입장에서 친절하게 봉사하려는 마음, 원만한 인격과 풍부한 인간성, 심신의 건강, 고객을 장악할 수 있는 리더십, 정확한 판단과 분명한 대응처리 능력, 풍부한 업무지식, 충분한 어학력, 일반적인 생활매너 등을 갖추고 있어야 한다. 성실은 꼭 여행에만 국한되지 않는다. 모든 상품판매의 기본이 성실이기 때문이다.

아울러 **여행업은 '꿈을 파는 직업'이다.** 대다수 고객은 즐거움을 추구하기 위해 여행을 떠난다. 그 여행에 함께 연출하는 인솔자가 우울한 얼굴이라면, 그 여행이 과연 즐겁겠나. 인솔자 자신이 명랑한 것은 물론이거니와 고객 간 팀워크를 이루는 것도 필요하고, 방문지에서 만나는 현지 가이드나 운전기사, 거리에서 만난 사람들과의 접촉에 있어서도 밝은 분위기를 연출하는 기술도 필요하다. 이는 덕목이라기보다 필수 스킬이다.

또한 인솔자는 용모, 복장, 태도, 매너, 동작, 언어구사 등에 있어서 세련미가 있어야 한다. 고객들에게 있어 인솔자는 한 명이다. 즉, 수많은 시선 속에서 있는 것이다. 그들이 다 나를 좋은 눈으로 바라보지는 않는다. 불만도 있고, 작은 실수에도 민감할 수도 있다. 더욱이 이런 불만을 다 들어줄 수도 없는 노릇이다. 그렇기에 기본적인 세련미를 갖출 필요가 있다. 세련됨은 호감과 연결된다. 고객이 인솔자에게 인간적인 호감을 갖게 된다면 컴플레인이 확 줄어든다. '이해'라는 멋진 공감대가 성립되기 때문이다.

당황하지 않고 문제를 신속하게 처리하는 문제해결능력이 중요하다. 그 자리에서 그 문제에 대해 대안을 찾아 결정하고 해결해내는 것은 인솔자의 몫이자 필수 스킬이다. 여행을 떠나보면 알게 된다. 여행지에서 가장 빨리 움직이는 사람들이 우리나라 사람들이라는 것을. 조금만 일정이 루즈해져도 바로 컴플레인이 발생할 정도다. 당연히 이들을 인솔하는 인솔자는 신속해야 한다. 그러나 그 신속함에는 당황함이 섞여서는 안 된다. 인솔자가 당황하면 고객들은 불안에 휩싸이기 때문이다.

그래서 인솔자는 순간적인 동작이나 판단이 요구되는 경우 결코 당황해서는 안 되며, 차분하면서도 민첩하게 행동을 함으로써 고객에게 안정감을 줘야 한다. 마치 이런 상황에서는 이렇게 되는 것이 당연한 것처럼 느껴지도록 말이다.

여행은 반복실시가 불가능하다고 일컫는다. 소수의 예외를 제외하고 같은 장소를 여러 번 찾는 사람도 드물다. 따라서 인솔자는 여행계획에 따라 섬세한 재확인 등을 하여 하나, 하나의 확실한 여행을 만들어 나가지 않으면 안 된다. 위에 열거한 덕목으로 불리는 스킬들은 인솔자가 가져야 할 아주 기본적인 것들이다. 여기서부터 인솔자의 진짜 스킬들이 발생한다.

어떤 인솔자는 신속함에 포인트를 더 두는 경우도 있고, 어떤 인솔자는 세련미에 두는 경우도 있다. 주의할 점은 위의 기본을 다 갖춘 상태에서 특정 부분을 키워야 한다는 점이다. 세련미는 있는데 신속함이 없다면, 그 인솔자는 여행 내내 컴플레인에 시달리게 될 것이다. 또 신속하지만 세련미가 부족할 경우 고객들의 뒷담화를 들을 가능성이 높다.

이래저래 힘들지만, 일단 기본 스킬들이 다 갖춰지면 그때부터는 신경쓰지 않아도 자연스럽게 발휘되는 지점이 온다. 덧붙여 개인적인 조언을 덧붙이자면, **어디를 가든 어떤 사람들과 같이 하든 마치 여행이 처**

**음이라는 기분으로 여행인솔에 임하라.**

고객들이 내게 매 여행지마다 던지는 질문이 있다.

"여기 처음이세요?"

"아니요. 10번째인데요?"

"그런데 처음 온 사람처럼 우리들보다 더 좋아하고 더 즐기시는 것 같아요."

"오늘 그대와 처음이잖아요? 이 여행지를 와보았느냐보다는 누구랑 왔느냐, 언제 와보았느냐, 내 컨디션은 어땠는지, 가이드에 따라 가로, 세로, 옆으로, 뒤로, 가로질러 가는 길목에 따라 전혀 다른 여행지가 되지요."

그렇다. 내가 흥분하지 않고 즐기지 않으면 안 된다. 리액션을 하고 긍정의 에너지가 분위기를 업시킬수 있다.

"대표님이 우리랑 같이 즐겨주시니 더 재미있고 가깝게 느껴져요."

바로 이거다.

**나도 즐겁고, 같이 하는 이들도 즐겁다.**

**4장** 인솔자,
여행의 전부이자 기본

여행업은 '꿈을 파는 직업'이다. 대다수 고객은 즐거움을 추구하기 위해 여행을 떠난다. 그 여행에 함께 연출하는 인솔자가 우울한 얼굴이라면, 그 여행이 과연 즐겁겠나.

어디를 가든 어떤 사람들과 같이 하든 마치 여행이 처음이라는 기분으로 여행인솔에 임하라. 나도 재미있고, 같이 하는 이들도 재미있어진다.

# 인솔자의 자세에
## 대해 알아두기

이번 편에서는 좀 더 이론에 가까운 실무를 이야기해보도록 하자. 고객과 같이 다니는 인솔자는 몇 가지 지녀야 할 필수 자세(태도)가 있다. 이를 세부적으로 나눠보면 아래와 같다.

### 고객입장에서의 인솔

인솔자는 특정 관광지의 경우 여러 번 방문할 수 있어 마음이 이완되기 쉽다. 그러나 그곳은 고객에게 있어서는 처음 가보는 곳이다. 당연히 아침부터 늦은 밤까지 시간이 있는 한, 체력이 허용하는 한, 정열적으로 몸을 움직여 되도록 많은 곳을(것을) 보고 싶어한다. 인솔자는 이런 고객의 마음을 이해하고 열정적으로 협조한다. 그렇다고 고객의 의견과 상관없이 너무 오버해서 돌아다니는 것도 안 된다. 여행을 떠나기 전 고객이 원하는 바를 잘 파악해 고객입장에서 인솔에 임한다. 고객의 입장에서 생각하는, 고객의 마음과 접촉을 유지한다는 정신을 항상 지닌다.

## 고객과의 인간관계

인솔자도 사람이다. 당연히 친근감 가는 손님에게 친절을 베푼다거나 매력 있는 이성에게 마음이 갈 수 있다. 그러나 그러면 안 된다. 인솔자는 개인적 감정을 억제하지 않고는 근무할 수 없다. 오히려 친근감 안 가는 사람에게 인솔자가 적극적으로 접근해야한다. 우리는 프로가 아닌가. 싫을수록, 어려울수록 더 가까이 다가가야 한다. 오히려 그런 행동을 통해 의외 인생의 한 면에 눈을 떠 인솔자 개인의 인간적

성장에도 크게 도움되는 결과를 얻기도 한다.

　나는 단체팀 중 팀원 모두가 말하고 우리끼리 말한 '진상' 고객이나 제일 힘없고 나이 든 사람을 섬긴다. 그런 사람들의 특징은 여행 전체 분위기를 좌지우지하며 자칫 잘못하면 여행 전체의 느낌을 망친다. 그러면 여행 출발하는 차 안에서 "○○팀장님이 저를 도와주시면 이번 여행이 퍼펙트할 것 같아요."라고 말하면 팀원 전체는 '다들 진상인지 어찌 알았지?' 하는 분위기로 깔깔거리고 웃고 시작한다. 그 사람만 내가 잘 챙기고 관심 가져주면 팀 분위기는 괜찮다. 또한 나이 든 사람은 모두 약간은 부담이고 짐이라고 느끼는 걸 알기에 내가 그의 친구가 되어주기도 한다.

　인솔자는 사람을 상대하는 일이다. 그것도 즐거움을 느끼고자 하는 사람들을 상대한다. 인솔자가 이런 사람들을 구분해서 대한다면, 그 여행은 그 순간 끝이다. 그러므로 인솔자는 고객 상호 간 친화에 주의하면서 성격 다른 사람끼리, 젊은 층과 중·장·노년층 간, 이성 간 어느 편에 서지 않는 중간 입장에 있어야 한다. 모든 고객 각자가 소외되었다는 생각이 들지 않도록 부단한 주의를 하지 않으면 안 된다.

## 건강유지는 필수

인솔자는 혼자서 단체를 운영해나가는 중책을 지고 있다. 이런 인솔자가 만약 여행지에서 감기라도 걸린다면? 상상도 하기 싫다. 아픈 건 어쩔 수 없다고? 사전에 철저히 준비하고 대비한다. 아프면 참지 말고 전조 증상 때부터 바로 약을 복용하라. 인솔자가 아프면 손님은 물론 많은 사람에게 불편함을 끼치게 된다. 따라서 인솔자는 평소 체력을 단련하여 어떠한 악조건에서도 견딜 수 있도록 몸을 만들어야한다. 혹여 지병이 있다면 이를 먼저 치료하는데 집중하자.

## 인솔자 간의 팀워크

1인 여행업이지만, 다른 여행사와 같이 조인해서 떠날 경우가 있거나 인원이 많아 부득이 다른 인솔자를 동행해야 할 때도 있다. 이 경우 2인 이상의 한 조가 되어 업무를 수행하게 되는데, 출발 전부터 명확히 선임인솔자와 보조인솔자(Sub-Conductor)를 구분해둬야 한다. 각각의 분담은 명확히 해두지 않으면 여행이 꼬이게 되기 때문이다.

먼저 선임인솔자(Chief Conductor)는 단체 전체의 운영을 총괄하는 입장에 있으며, 그만큼 업무가 많고 정신적 부담도 크다. 보조인솔자는 선임인솔자의 업무진행 방법을 가능한 한 빨리 파악해 선임인솔자의 방침에 맞추도록 노력하지 않으면 안 된다. 아울러 선임인솔자는 보조인솔자를 신뢰하고 필요한 때에 충분한 지시를 한 후에는 가능한 보조인솔자에게 맡긴다. 작은 일까지 일일이 말하면 보조인솔자는 의욕이 감퇴되어 일할 마음을 잃게 되기도 한다.

특히 고객의 앞에서 보조인솔자를 꾸짖거나 모욕을 주어서는 보조인솔자 입장은 물론이거니와 고객에게도 불쾌감을 주게 된다. 서로 협조체제를 발휘하여 상대방을 존중하고 마음을 합하는 자세가 요구된다. 개인적으로는 가능하면 혼자서 할 수 있는 범위만 맡는 것을 추천한다.

## 인솔자와 외국어

  인솔자의 수준은 언어로 결정되는 경우가 많다. 사실 한국을 한걸음만 벗어나도 현지어 하다못해 영어는 필수 중 필수다. 현지 가이드 및 운전기사와의 협의, 예약 재확인, 호텔 종사원과의 교섭 등 그 어느 것 하나도 현지어나 영어를 필요로 하지 않는 것이 없다. 특히 교통기관의 파업이나 비상사태 발생 시에 효과적인 대처를 위해서는 외국어는 절대적 요건이 된다. 또 중남미, 아프리카 지역과 같은 특수지역처럼 한국어 가이드를 구할 수 없는 지역에서는 현지 가이드의 설명을 한국어로 통역·해설하지 않으면 안 되기 때문에 이와 같은 점에서도 외국어 실력 배양은 필수적 과제가 된다. 사실 여행업을 천직으로 생각한다면 언어는 기본적으로 갖춰야 한다. 완벽한 문법을 구사하지 않아도 좋다. 일단 대화가 가능한 수준이어야 한다. 무엇보다 외국어 구사능력과 인솔자의 신뢰도와는 밀접하다. 나아가 인솔자의 존재이유와도 직·간접적으로 관련된다.

## 재판매 촉진을 위한 연구

여행의 기획과 실행 사이에는 그 격차가 항상 존재한다. 이러한 격차를 해소하기 위해 자료를 제공하는 사람은 다름 아닌 인솔자다. 따라서 인솔자는 여행일정의 단순한 진행 이외에도 고객이 진정 희망하는 것, 흥미와 관심을 가진 것, 새로운 관광지의 등장 등을 예리하게 파악하고 관찰해 이를 메모한다. 투어보고서를 제출할 때에는 구체적으로 기록한다. 또한 여정 내용, 수배 방법 등 개선사항이 있을 때에는 기탄없이 의견을 회사 측에 제출한다. 이러한 자세가 있어야 인솔자의 업무도 창조적인 것이 되며 한층 더 높은 차원이 된다. 아울러 단체를 구성할 만한 능력 있는 사람과 특히 친분관계를 유지하여 재판매의 기회로 삼는 한편, 꾸준한 연락으로 판매성과 고양에 적극적 자세가 요청된다.

## 인솔자와 여행도우미(총무)

마지막으로 인솔자가 인솔업무를 원활히 하기 위해서는 여행 중 인솔업무에 협조적인 인솔도우미, 즉

총무를 잘 뽑아야 한다. 돈을 관리하는 일이라서 간혹 사고가 생길 수도 있으니 가급적이면 성실한 사람을 뽑는다. 여행경험이 많은 사람보다 적당한 여행경험이 있는 사람이면 좋다. 30~40대 정도 나이라면 건강하며, 적당한 인생경험과 생활의 여유가 있어야 한다. 위·아래 연령대인 만큼 대화가 가능하기도 하다. 반면 쫀쫀하고 이해심 적은 사람, 남을 배려할 줄 모르는 사람, 젊은 연령대의 사람, 나이가 너무 많은 사람, 가족을 데리고 여행하는 사람 등은 인솔자 도우미로서 피해야 한다. 혹시 변수가 생길 수 있기 때문이다.

이제 여행을
떠나 봅시다

　지금 장부터는 인솔자가 되어 여행을 떠나 보도록
하자. 먼저 인솔자는 출발하기 전 운송·숙박서비스
를 비롯해 여정을 구성하는 기타 여행서비스 내용이
나 수배 상황을 잘 확인해야 한다. 일반적으로 여행
서비스의 예약·수배 등은 인솔자 자신이 하는 것이
아닌 경우가 많기 때문에 여행 내용을 충분히 숙지
하고 확인을 확실히 한다.

**4장** 인솔자,
　　 여행의 전부이자 기본

## 출국준비

여행인솔자는 고객들과 만나기로 정해진 시각보다 적어도 30~60분 전까지 공항에 반드시 도착해 있어야 한다. 고속도로 등의 혼잡 상황을 고려해 지연가능성은 미리 계산에 넣어둔다.

## 출국심사시

여행인솔자는 맨 선두에 서서 출국심사를 받은 후 단원이 전부 수속을 끝마쳤는지를 확인한다. 그 다음 비로소 면세구역에서 간단한 쇼핑을 하도록 권한다. 이후 여행인솔자는 탑승개시 시간 전에 탑승 카운터에 미리 도착해 팀원의 탑승을 유도하고 전원이 탑승했는지를 확인한다. 이때 쇼핑에 몰두해 탑승이 늦어지는 고객이 있을 경우에는 항공사로 하여금 방송하게 하거나 핸드폰으로 해당고객을 호출한다.

## 기내에서

기내는 인솔자가 실질적으로 혼자서 팀원에게 서비스를 개시하는 장소다. 또 동시에, 여기에서 첫인상이 고객이 바라보는 인솔자관을 크게 좌우한다. 여행인솔자가 만사에 신경을 써주고 있다는 신뢰감을 팀원에게 심어 놓으면 이후 인솔이 매우 편해진다. 그만큼 중요한 공간이기에 각별히 신경 쓰도록 하자. 다만 객실승무원의 수칙범위를 필요 이상으로 침범하지 않도록 주의하는 것을 잊지 말자. 또 술을 과하게 마시는 고객의 경우 만류할 필요도 있다. 취하게 되면 어떤 불상사가 발생할지 모르기 때문이다. 기분 나쁘지 않는 선에서 절제를 요청하자.

### 목적지 공항에서

대다수 국가에서는 입국수속을 하는 창구가 자국민(거주자)과 외국인(비거주자)으로 구분되어 실시한다. 이때 확인하는 것은 여행목적이나 체재예정 일수, 항공권이나 출·입국카드 등이다. 그렇기에 입국수속 전 고객들에게 항공권을 나눠주면 입국수속이 끝난다.

## 공항에서 호텔 도착까지(버스 안)

현지에 도착하면 가이드가 나와서 전체 행사를 진행하게 된다. 실제 이때부터는 가이드와 인솔자가 하나가 되어 행사진행을 하게 된다. 공항 ↔ 호텔 간 버스 안에서 마이크를 사용할 수 있는 시간은 현지에서 가이드가 고객에게 첫인사를 할 수 있는 귀중한 기회다. 그렇기에 체크리스트에 따라서 차분히 진행해간다. 이제부터가 인솔자의 개성이 발휘된다. 기본적으로는 알아듣기 쉽게 말하는 경우가 많지만 유머를 섞어 재미있게 하는 인솔자도 있다. 주의할 점은 절대 과하지 말아야 한다는 것이다. 인솔자의 유머가 과하면 여행은 금방 불쾌해진다. 또 이 과정에서 해외여행의 생활의 지혜라고 할 사항에 대해서 간결하게 해설해주면 좋아한다. 나아가 고객이 매우 피로해 있을 때에는 필요한 최저한의 정보만 제공한다. 고객의 심신을 쉬도록 하는 게 좋다.

인솔자가 해설해야 할 요점은 다음과 같다.

❶ 공항의 명칭

예) 로마국제공항→레오나르도다빈치공항, 대구국제공항→동촌공항

❷ 호텔까지의 소요시간

❸ 현지시간(한국과의 시차)

❹ 통화(기본단위와 보조단위, 교환율, 한국까지의 우편료, 외화신고를 하는 국가에선 신고서를 분실하지 않도록 주의)

❺ 쇼핑(특산품, 싸고 운반에 편리한 토산품, 호텔에 가까운 상점가, 상점영업시간, 상점에서의 외화사용가능 여부, 가격의 교섭방법 등)

❻ 생활상의 주의(방법, 사기, 사진촬영금지, 외화의 암시장교환, 음료수 등 주의)

❼ 그 나라와 도시의 일반적 설명(간단하게, 자세한 것은 관광 중에)

❽ 이후의 일정(해외여행 중에는 주의력·기억력이 산만하기 때문에 행사예정은 명확하게, 행사예정에 한해 같은 것을 3회 이상 반복해 주는 것이 좋다. 필요한 경우에는 복장에 관한 것도 언급해 주는 것이 좋다.)

## 호텔 도착 시

가장 바쁘고 정신없는 순간이다. 우선 버스에서 내릴 때 물건을 잊고 내리는 일이 없도록 선반이나 의자 뒤 그물 등을 확인함과 동시에 신속하게 로비로 유도한다. 가이드가 방을 체크하고 있는 동안 인솔자는 고객을 앉힐 곳까지 유도한 후 분실물의 점검, 화물의 적재에 이상이 없는지를 확인한다. 종종 짐가방이 1~2개 버스에 남아 있는 경우가 있으므로 인솔자가 개수를 확인하는 게 좋다. 하나라도 분실하면, 그때부터 여행은 굉장히 험난한 여정으로 바뀌게 된다. 사전 확인, 마무리 확인은 인솔자의 필수다.

## 체크인 - 객실배정

인솔자는 우선 호텔 리셉션에 가면서 고객이 로비에서 기다리고 있도록 한다. 아울러 객실배정이 끝나는 대로 짐의 개수를 확인해둔다. 로비가 협소한 곳이나 의자가 없는 곳에서는 그에 따른 장소가 있나 없나를 호텔 측에 확인해두는 것도 필요하다. 가능한 한 앉아서 기다리는 곳을 선택하는 것이 좋다. 객실배정과 동시에 식사 메뉴와 시각을 정해야 한다. 또한 대형호텔인 경우에는 식당이 2개 이상 있는 곳도 있다. 따라서 자신의 단체는 어디에서 식사를 하는지 확인해둔다.

### 고객에게 전달

이후 인솔자는 로비에서 기다리고 있는 고객에게 몇 가지 전달사항을 안내한다. 하지만 고객의 객실번호와 열쇠에 대한 것은 마지막에 하자. 이것을 맨 처음 얘기하면 전달이 철저하게 진행되지 않는 가운데 고객의 정신상태가 산만해지는 경우가 많다. 노령의 고객이 있을 경우 외출을 나갔다가 미아가 되지 않도록 호텔 명함이나 성냥, 팸플릿, 봉투 등을 지참할 것을 권유하자.

# 본격적인
## 여행 인솔이란?

호텔에서 객실까지 배정되었다면, 이제부터는 인솔자의 방과 함께 다양한 변수에 대한 대처법을 알아보자. 그리고 중요한 것은 식사다. 고객들 대부분이 여행지에서의 첫 식사를 기대하는 경우가 많다. 첫 식사가 만족스럽지 못하다면 컴플레인은 여행 마지막까지 따라 다닐 수 있다.

## 인솔자의 객실

호텔 측이 정책적으로 인솔자에게 딜럭스 룸을 배정해주는 경우가 있다. 고객의 객실은 보통 객실이면서 전실이 욕조가 달린 것이어야 하지만, 만약 고객이 욕조 없는 방에 투숙되어 있는 상황에서 인솔자가 욕조 있는 방에 투숙되면 곧바로 뒷말이 나온다. 호텔 측의 배려라고 하더라도 고객보다 더 좋은 방을 얻어서는 안 된다는 말이다.

## 변수=체크아웃 시간 전 도착

만약 공항에서 호텔까지 오는 데 있어 시간이 단축되어 체크아웃보다 빨리 오게 된다면 호텔 측에 객실 2~3개를 먼저 달라고 하자. 대부분 30분에서 1시간 정도는 기다릴 수 있지만 그 이상 빨리 오게 된다면 수하물을 넣어놓아야 하기 때문이다. 아울러 옷을 갈아입을 공간을 마련해줌으로써 기다리는 것에 대한 짜증을 감소시킬 수 있다. 로비에서 무작정 고객을 기다리게 한다면 폭동(?)이 일어날 수 있다. 가장 좋은 것은 시간을 정확히 맞추는 것이다.

### 변수=Rooming List 재확인

현지대리점이나 호텔 측의 실수에 의해 호텔 예약 탈락, 오류로 인한 취소, 객실숫자 부족 등의 사고가 발생하면 인솔자의 머리는 펑하고 터질 정도로 복잡해진다. 이런 변수는 베테랑 인솔자라도 대처하기 쉽지 않다. 그러니 현지에 도착하자마자 최신의 투숙자 명부(Rooming List) 예약 재확인을 겸해 호텔에 전화를 해두자. 이 경우 한국출발 전에 투숙자 명부가 변경되어 있는데, 그 변경된 투숙자 명부가 호텔 측에 도착되지 않은 사태도 해결될 수 있다. 인솔자의 일은 무조건 확인, 또 확인이다.

### 호텔 식사 시의 집합장소

원칙적으로 식당에 직접 집합시키는 게 좋다. 첫째는, 먼저 온 고객은 식당에서 자리에 앉을 수 있어서 기분도 안정되며 음료수의 주문도 가능하다. 둘째로, 로비에서 집합할 경우 최후에 오는 고객이 도착할 때까지 기다리지 않으면 안 되므로 시간이 비경제적이다. 식사의 주문도 식당집합 쪽이 빨리 할 수 있다.

셋째로 인원확인이 용이하다. 단, 호텔 내에 식당이 여러 개 있어 장소 착각이 생기기 쉬운 경우에는 로비에 집합하는 것이 좋다.

### 화물의 처리

도착 후 화물에 대한 개수 확인은 반드시 여행인솔자가 한다. 가능하면 객실번호의 기입 등 업무도 도와주면 화물이 정확히 배당된다. 같은 성(同姓) 혹은 로마자로 쓰면 까다로운 이름이 있다. 특히 그러한 때에는 도와주는 게 좋다(실제로 외국인들은 한국 사람의 가방분류 시에 김씨, 이씨, 박씨 등 머리글자만 보고 김씨 가방을 전부 한 객실에 넣어두는 경우도 있었다). 최고로 좋은 방법은 처음부터 고객마다 'Key Number'를 설정하여 그 넘버를 루밍리스트의 고객명에도 또한 체크한 수하물에도 붙여두는 방법이다.

### 기타 업무

현지 대리점과의 협의사항 중 공항 또는 버스 가운

데에서 불가능했던 것은 체크인 종료 후, 가능하면 빨리 마치는 것이 좋다. 다음날이 토·일·휴일 등이 되면 특히 주의한다. 또한 'Night Contact'의 전화번호를 반드시 확인한다. 화물처리 후 시간이 허용되면 객실을 순회하여 객실상황을 관찰함과 동시에 필요에 따라 객실정비의 사용법 등도 설명한다. 여행 초기에 고객이 호텔생활에 익숙하지 못한 때, 혹은 낡은 호텔로 객실조건에 차이가 큰 경우에는 특히 이러한 배려가 필요하다. 객실을 순회하지 않을 때에는 화물처리 후 적어도 30분 정도 자기 방에서 있어야 한다. 왜냐하면, 체크인 직후에는 왕왕 고객으로부터 다음과 같은 연락이 온다.

· 화물이 도착 안 된다.
· 열쇠가 고장났다.
· 다른 사람의 짐이 들어왔다.
· 침대가 1개밖에 없다.
· 방에 다른 손님이 투숙 중이다.
· 소음이 심하다.
· 매우 나쁜 방이다.
· 방문이 안 열린다.
· 있어야 할 욕조가 없다.
· 텔레비전이 안 켜진다.
· 더운 물이 나오지 않는다.
· 방의 청소가 아직 덜 되었다.
· 전기가 안 들어온다.

이 같은 컴플레인의 대부분은 호텔과 이야기를 통해 해결할 수 있으나, 과도한 주문은 분명히 거절해야 한다. 물론 기분 나쁘지 않는 선에서 한다.

## 식사준비의 기본

식사는 여행에서 아주 중요한 부분 중 하나다. 그런 만큼 변수도 크다. 변수를 줄이기 위해 다음과 같은 방법으로 진행해보자. 먼저 도착 직후의 식사는 호텔에서 한다. 밖에서 식사하려면 시간적으로 손해가 크다. 고객이 피로해 있을 때의 식사 역시 호텔에서 하는 것이 좋다. 그러나 종일 관광시에는 외식이 편리하다. 저녁까지 마치고 돌아오도록 하자. 한국식당이나 향토요리점 등에 가고 싶을 때에는 호텔에서 요금에 포함된 석식을 중식으로 바꾸는 것으로 처리한다. 기본적으로 출발 직전 식사는 호텔에서 한다.

고객은 시간을 유효하게 사용할 수 있고 인솔자도 고객 장악에 편리하다.

## 식사의 주문

사전에 식당 책임자와 메뉴의 협의를 통해 가능한 한 고객 모두가 대부분 좋아하는 요리, 앞 식사와 중복되지 않는 요리를 주문한다. 고객 수가 많지 않고 시간적 여유가 있을 때에는 3종류 정도의 요리 가운데 고객이 선택할 수 있도록 해주면 대개 좋아한다. 단지 너무 많은 종류 가운데 선택하게 하면 무엇이 좋은지 모르게 되어 도리어 불친절하다는 인상을 줄 수 있다. 여행인솔자의 판단으로 고기요리, 계란요리, 생선요리 가운데 1종씩 섞어 그 가운데 하나를 선택하게 하면 좋을 것이다. 메뉴 내용이 잘 파악되지 않으면 레스토랑 매니저나 헤드웨이터(Head Waiter)에게 상세히 물어봐야 한다. 내용을 잘 모르고 주문하면 한국인의 입맛과는 전혀 다른 것이 나와 식사를 못하는 사례가 종종 발생된다.

## 식당에서의 인솔자 자세

식당에서 인솔자는 전원이 한눈에 보이는, 그러면서도 곧 일어날 수 있는 자리를 차지한다. 식사 중에도 끊임없이 고객에게 신경을 쓰고 무슨 문제가 일어나고 있으면 곧 현장에 달려가 문제를 해결해줘야 한다. 큰 소리로 웨이터를 부르는 것은 일부 국가에서는 에티켓 위반이므로 손을 들어 웨이터의 눈에 띄도록 하는 자리가 이상적이다. 여행기간 중에 가능한 한 모든 고객이 어울려 식사하도록 노력한다. 말상대가 되니까, 좋아하는 이성이 있어서 등에 의해 일부 특정 고객끼리 동석하여 편을 가르는 것은 바람직하지 못하다. 또한 도착 당일은 피곤한 까닭에 대개 별말 없이 식사하는 경우가 많으므로, 인솔자가 차후 행사에 대해 화제를 유발시켜 화기애애한 분위기를 연출시키는 노력도 중요하다.

# 여행 자체를 보여주는 인솔자

이번 편부터 실무적 느낌을 살리는 방식으로 진행해보도록 하겠다. 기본적으로 인솔자는 가이드에게 고객들을 인도하는 것까지 전부라고 생각하는 경우가 있다. 그렇지 않다. 인솔자가 할 일은 여러 가지다. 가이드는 현지를 보여주는 사람이라면 인솔자는 여행 그 자체를 보여주는 사람이다. 이 책에서 제시된 인솔자의 매뉴얼도 사실, 여행업계에서는 익히 알려진 기본 업무에 준한다. 즉, 이 정도는 해야 인솔자라는 뜻이지 이것만 하면 인솔자라는 뜻이 아니다. 알아주는 인솔자가 되기 위해서는 가치와 비전을 지녀야 하며, 노력과 열정도 뒷받침이 되어야 한다.

적어도 여행이 끝났을 때, 인솔자는 고객의 90%에게 칭찬을 들을 수 있어야 한다. 그렇지 못하다면 그 여행의 인솔은 실패에 가깝다. 더구나 1인 여행업을 꿈꾸는 당신에게 있어 인솔자의 역할은 기획을 현실로 만드는 과정이자, 시험무대이기 때문에 정말 최선을 다해야 한다. 가이드는 현지 일정만을 책임지지만, 인솔자는 여행 출발에서부터 도착까지 책임을 져야 하는 동반자이자 리더다. 그럼에도 가이드 업무영역에 너무 깊이 관여해서도 안 된다. 아래는 인솔자가 소홀하기 쉬운 그러나 꼭 개입해야 할 타임들을 예시로 들어 본 것이다.


**수하물 탑재**

버스 또는 승합차에 수하물을 싣는 경우, 운전사가 돕는 것은 좋다. 하지만 서두르거나 험하게 다루는 상황이 종종 있다. 이는 파손우려뿐 아니라 분실의 소지까지 있기에, 여행자들이 첫인상부터 불쾌함을 느낄 수 있다. 특히나 분실 시에는 그 책임을 져야 한다. 따라서 인솔자는 짐 싣는 과정에도 관여하는 것이 기본이다. 안전하게 짐 실리는 것을 확인하고, 버스의 경우 짐칸 문이 닫히는 것까지 최종확인 후, 차량에 탑승해야 한다.

## 객실배정

객실배정 역시 사전 확정을 받지 못했다면, 호텔의 고유권한이다. 하지만 단체가 같은 숙소에 묵게 되는 경우 여러 객실을 확보하게 됨으로써 팀 단위 등 여행자별 특성에 맞게 융통성을 발휘해 배정하는 것이 좋다. 또한 명단에 객실을 표기해 미팅시간에 늦거나 안내가 필요한 경우 즉각 알릴 수 있도록 하여, 고객에게 항상 마음 쓰고 있다는 사실을 보여야 한다.

## 분실사고

**손님** : 인솔 씨 가방을 잃어버린 것 같아요, 어떡하죠?

**인솔자** : 우선 안정부터 취하시고요, 일정상 진행했던 지금까지

의 과정을 되돌려 잘 생각해보세요.

**손님** : 도저히 모르겠어요. 나름 챙긴다고 신경 썼는데….

**인솔자** : 잃어버린 곳이 어디인지 모른다면 실제로 찾기는 어려워 보입니다. 먼저 분실신고부터 해야겠어요. 잠시만요. 가이드님! 고객님 중에 분실사고가 있으니 조치 부탁합니다.


분실 등 현지에서 발생한 사고에 대해 '경찰리포트'는 필수사항이다. 다른 여행자들의 일정에는 인솔자나 가이드 중 1명이 동행해 상황을 설명하고 일정에 차질없도록 함은 기본 중 기본이다. 아울러 나머지 1명은 사고를 당한 여행자 곁에서 도움을 주어야 한다. 또한 분실사고에는 여권의 분실 여부를 반드시 확인해, 현지공관(대사관·영사관)으로부터 여권(재발급) 또는 여행증명서를 발급받아야 한다. 그리고 대부분 이런 일들은 인솔자가 맡아서 해야 한다. 아울러 이런 사고는 생각보다 많다.


## 교통사고

**인솔자** : 고객님 괜찮으세요?

**손님** : 괜찮습니다. 가벼운 접촉사고였는데요, 뭘.

**인솔자** : 그나마 괜찮다고 말씀하시니 다행입니다. 그래도 우선 저와 함께 병원에 가서 진단을 받아 보는 것이 좋겠습니다.

**손님** : 괜찮아요. 약간 타박상 정도니, 오랫동안 계획한 해외여행이니 만큼 그냥 일정을 진행하고 싶어요.

**인솔자** : 하지만 교통사고는 후유증이 있으실 수 있습니다. 여행일정도 중요하시겠지만, 누락된 일정은 시간을 안배하여 진행하더라도 병원치료는 꼭 받으시는 것이 좋습니다.


교통사고 뿐 아니라, 대부분의 사고가 여행자의 신체에 상해를 입히는 경우가 많다. 이때, 사고의 정도에 따라 대처가 조금은 달라질 수 있겠지만 아무리 경미한 부상이라 하더라도 되도록 병원으로 이송을 진행하는 것이 좋다. 큰 부상으로 판단이 된다면 즉각 구급차를 요청하고, 가능한 범위의 응급조치를 취한다. 병원에 가서 확실한 진단을 받는 것은 후일 혹시 모를 소송에도 아주 도움이 된다.

## 위험요소가 있는 일정진행

**가이드** : 선택 관광을 하기 전에 안내말씀 드리겠습니다. 우선 해양스포츠의 진행은 업체직원들이 진행하므로, 안전 등에 각별히 신경을 써주시고, 업체직원의 안내에 성실히 임해주셔야 합니다. 자, 주의안내문을 꼭 봐주세요.

**인솔자** : 가이드가 안전에 대해 충분히 설명하고 있나요? 고객님들이 알아서 잘 해주시리라 믿지만 무엇보다 안전이 최고인 거 아시죠? 즐거운 투어를 위해 가이드와 업체직원에 안내를 잘 따라주시길 바랍니다.

여행사는 기본적으로 여행자에 대한 안전배려 의무가 있다. 큰 여행사를 선택하는 이유도 바로 이 부분 때문이다. 위험요소가 있다면 이를 제거하기 위한 최선의 방법을 강구해야 하며, 안내문은 필수사항임을 인지해야 한다. 안전은 최우선이다. 고객들이 의도적으로 안전을 무시한다 해도 인솔자는 가이드를 설득해 안전을 지키는데 집중한다. 사실 이것이 가장 큰 스트레스 중 하나라고 할 수 있을 정도로 인솔자는 신경을 집중한다.

## 일정변경

**가이드** : 첫날 일정이 A코스인데, 날씨문제로 이틀째 일정인 B코스로 진행해야 할 것 같습니다. 제가 마음대로 정할 수 없으니 고객님들의 의견은 어떠신지 듣고자 합니다.

**손님1** : 별 방법이 있습니까? 변경해서 진행합시다.

**손님2** : 날씨가 괜찮은데 꼭 그렇게 해야 되나요?

**인솔자** : 날씨가 괜찮아 보이긴 합니다만, 오늘 코스 중에 날씨 영향이 있는 건가요?

**가이드** : 네. 코스 중 E지역에만 호우주의보가 있어서, 고객님들이 더 실망하실 수 있습니다.

**인솔자** : 그래요? 그럼 기상정보는 나중에라도 서면으로 부탁드립니다.

**인솔자** : 고객님, 이곳이 해외인지라 기상변수가 있는 것 같습니다. 내일 날씨만 괜찮다면 A코스로 진행하면 되니, 오늘은 가이드를 믿고 여행을 하시면 어떨까요?

**손님2** : 좋습니다. 전 이곳 날씨가 너무 좋아서 그랬어요.

**인솔자** : 이해해주셔서 감사합니다. 다만, 대한민국 법률(관광진흥법)에 의거 동의서에 서명을 부탁드리고요, 추후 기상정보를 원하시는 고객님께는 서면으로 배부하겠습니다.

일정진행 중 여행자들끼리 의견이 충돌되는 경우도 발생한다. 아니, 사실 아주 자주 발생한다. 이때는 계약된 일정대로 진행하는 것이 최선의 방책이지만, 부득이하다고 판단되는 경우 여행자의 동의를 얻어 일정변경을 할 수 있다. 그러나 동의를 얻는 부분에 있어서 매우 예민하게 대해야 한다. 일방적이어서는 안 된다. 고객들은 이 여행의 주인이다. 그들의 기분은 수시로 변한다. 그리고 한 번 변한 기분은 다시 돌아오기 쉽지 않다. 그러니 적절한 대화방법을 선택한다.

# 현장에서 해결을 유도해야 한다

이번 편도 실무요령에 대해 알아보자. 대부분은 자주 그리고 자연스럽게 일어나는 사고들이다. 경험이 부족한 인솔자들은 대부분 실수하는 상황들이기도 하다.

### 가이드 자질 부족이 판단되는 경우

**손님** : 가이드님, 저기 보이는 곳이 ○○○공원인가요?

**가이드** : 네.

**손님** : 근처에서 사진 좀 찍을 수 있을까요?

**가이드** : 안 됩니다. 일정에 나왔듯이 차창관광입니다.

**손님** : 한국에서 받은 일정표에는 관광이라고 표기되었는데요?

**가이드** : 그건 한국여행사들이 현지 사정을 잘 알지도 못하면서 표기한 것입니다.

**인솔자** : 가이드님, 제가 알기로는 근처에서 사진 찍을 수 있는 곳이 있는 것으로 아는데, 거기로 가서 잠깐 시간을 드리면 어떨까요?

**가이드** : 이곳에 몇 번이나 와보셨어요? 잘 알지 못하시면 제 안내에 따라주시죠?


정말 자주 발생하는 트러블이다. 현지 가이드의 일부는 불친절하고 불만이 많다. 대부분 저가 여행일 경우 이런 상황과 자주 마주하게 된다. 일단 인솔자는 화를 내거나 가이드와 마찰을 빚어서는 안 된다. 가능하다면 현장에서 융통성을 발휘하여 해결을 유도해야 한다. 그러나 해결이 되지 않고, 지속적으로 가이드의 자질부족이 판단된다면 교체를 결단해야 한다.

현지 업체에 직접 해결방안을 논의하는 것이 좋다. 다만 순서가 있다. 가능한 고객의 요청을 들어주는 것이 좋고, 그렇지 않다면 고객에게 자초지종을 설명하고 재차 해결방안을 모색하겠다 노력하는 모습을 보여야 한다. 이후에도 가이드와의 트러블이 발생한다면 교체를 요구한다. 한번 고객들이 가이드에 대한 불만을 갖게 되면, 그 여행 내내 잡음은 꺼지지 않는다. 그것 때문에 인솔자는 불필요한 스트레스를 받아야 하며, 여행사의 이미지에도 큰 타격을 주게 된다. 인솔자는 무조건 고객 편이라는 것을 인지해야 한다.

## 쇼핑과 옵션 등을
## 무리하게 요구한다고 판단되는 경우

**가이드** : 아시다시피 녹용하면 호주라는 것은 다 아실 것입니다. 보통 다른 여행팀은 쇼핑점을 통해 구매하게 되므로 가격은 약 10분의 1 정도 저렴하게들 구입하시지만, 효능이 조금 떨어지는 것은 사실입니다. 하지만 오늘 여러분은 굉장히 운이 좋은 것 같습니다. 호주식약청이 인증하고, 정부기관이 운영하는

K연구소에서 호주방문의 해를 기념하여 특별히 이번 달만 단체 여행객에게 일시적인 개방을 한다고 합니다.

**손님** : 이번 여행 때문에 인터넷을 확인했는데, 호주 패키지여행에서 녹용 등 약품을 사는 것은 효능도 없을뿐더러 몇 배나 더 비싸다고 하던데요?

**가이드** : 그래서 말씀 드렸지 않습니까? 그분들은 일반 쇼핑점에서 구매한 것이고요, 정부가 인증한 K연구소의 녹용약품은 질이나 효과에서부터 월등한 차이가 있습니다.

**가이드** : 입장하지 않으시면 버스에서 무료하게 1시간 정도 기다려야 하는 단점도 있으니, 꼭 구매하지 않더라도 연구소 견학이라 생각하고 둘러보시길 권장합니다.


패키지 여행의 딜레마가 바로 쇼핑이다. 가이드의 부족한 비용을 이러한 쇼핑으로 채워야 하기 때문에 어쩌면 가이드는 이것이 주된 목적이라고 해도 과언이 아니다. 그래서 호주, 중국 등 대부분 해외여행지에서 강요 사례가 빈번히 발생하고 있으며, 그에 따라 인솔자가 현장에서 저지한다는 것도 거의 불가능한 일이다. 그러니 발생하기 전 막아야 한다.

가이드를 처음 만나 사전일정을 협의할 때, 여행자들에게 이미 설명회를 통해 팁과 옵션에 대해 안내했고 그에 대한 긍정적인 반응을 받았음을 인지시켜야 한다. 아울러 한국에서 언론, 인터넷 등 다양한 매체를 통해 해외 쇼핑·옵션에 대한 부정적 인식이 널리 퍼져 있다는 것을 알리는 일도 한 방법이다. 그렇기에 쇼핑보다는 관광시간을 많이 할애해주는 것이 이득이 될 수 있음을 여러 차례 확실히 강조하는 것이 좋다.

## 오버부킹

**가이드** : 인솔 씨, 호텔에서 초과예약 문제로 우리 팀을 받지 않겠다고 하네요.

**인솔자** : 아니, 바우처까지 다 받았는데 왜 우리를 잘라요?

**가이드** : 아직까지 이 나라가 동양인을 회피하는 경향이 있고요, 정부공무원 행사로 인해 갑자기 예약이 들어왔다고 합니다.

**인솔자** : 그래도 이건 너무 심합니다. 미리 알려주지도 않고 도착해서 이러다니요? 보상을 요청해주세요. 손님들께 어떻게 말씀 드려야할지.

**가이드** : 일단, H호텔로 체크-인 하면 해당 비용은 호텔에서 제공한다고 합니다.

인솔자는 여행의 전문가여야 한다. 항공이나 호텔의 오버부킹 상황에 맞닥뜨리더라도 화를 내거나 당황하는 모습을 보여서는 안 된다. 인솔자가 감정을 드러내면 고객들은 불안해 한다. 사고가 발생하면 우선 사유를 명확히 파악하고 대안을 마련한 다음, 고객들이 당황하지 않게 차분히 상황을 설명한 후에 대안대로 성실히 수행하는 것이 좋다. 그리고 그 자리에서 곧바로 보상 문제를 거론하는 것은 바람직하지 않다. 여행자들이 먼저 이야기를 꺼내더라도, 추후 항공사나 호텔에 정식으로 이의제기해 결과를 안내하겠다고 말하는 것이 좋다.

이외에도 여행시 발생하는 사건사고는 수시로 그리고 질기게 발생한다. 자유시간에 발생하는 사고는 정말 부지기수다. 거기에 호텔에 들어간 후 고객들끼리 과한 음주를 한 뒤 발생하는 사고도 자주 있다. 아침에 못 일어나는 것은 물론이고, 음주 중 다투거

나 투어 중에 갑자기 귀국을 요청하는 등의 상황도
발생한다.

이것을 조절하고 달래며 때에 따라서는 결단을 내
려야 하는 것이 인솔자다. 그래서 인솔자가 곧 그 여
행인 셈이다. 다시 말해 인솔자가 훌륭히 여행을 끝
맺음까지 완성했다면 그 여행사의 가치는 상승하게
된다.

인솔자가 곧 그 여행인 셈이다.

다시 말해 인솔자가 훌륭히 여행을 끝맺음까지 완성했다면

그 여행사의 가치는 상승하게 된다.

# 여행 과정에 대한 매뉴얼 1

이번 편에서는 기본에 대한 재점검을 해보도록 하겠다. 여행 강의를 하면서 많은 이들이 질문하는 부분이기도 한데, 여행 과정에 대한 걱정보다는 처음 시작했을 때를 더 궁금해 한다. 다음의 매뉴얼은 통상적이지만, 이런 방향으로 가는 것이 문제 발생률을 줄일 수 있다는 점에서 이야기하고자 한다. 앞서 이 부분을 설명하는 과정에서 실무를 안 넣는 것은 이야기가 많아져 실무 편으로 따로 분리했다.

## 공항미팅

**인솔자** : 손님들 도착하기 전에 공항 내 이용시설부터 파악해야 겠지! 화장실, 약국, 환전소, 식당…. 자, 이제 손님들이 쉽게 찾을 수 있도록 미팅장소에 알지오투어를 표시할까? 됐다. 오늘은 어떤 분들이 오실까? 명단을 다시 체크해보자.

**인솔자** : 안녕하세요! 오시는데 불편은 없으셨어요?

**손님1** : 네, 안녕하세요!

**인솔자** : 여기, 명단체크 좀 부탁드리겠습니다.

**인솔자** : 안녕하십니까? 오늘부터 여러분들과 여행을 함께 할 알지오투어 인솔자 강인솔이라고 합니다. 잘 부탁드립니다.

**인솔자** : 여행 안내문 받으시고요, 모두 오셨으니 지금부터 보딩과정(티켓을 탑승권으로 교환)을 진행하겠습니다. 여권을 준비해주시고요, 기내반입금지물품(100ml 이상된 용기에 담긴 액체류)은 위탁수하물에 넣어주시면 감사하겠습니다. 그리고 아주 중요한 건데요. 보조 배터리는 위탁수하물에 붙이면 절대 안 되니 기내 소지할 가방에 넣어주시면 됩니다.

첫째, 최근에는 고객과의 사전 설명회가 없는 경우가 많다. 하지만 가능하면 설명회를 하는 것이 좋다.

특히 1인 여행사일수록 이런 과정을 거치는 것이 좋다. 설명회는 인원통솔과 불만방지에 매우 효과적이고, 여행에 불포함 요소인 선택관광과 팁에 관해 미리 양해를 구할 수도 있기 때문이다. 또한 일행 중 대표가 있는 경우에는 개별적으로 특이사항과 요청사항을 받는 것도 불만방지에 매우 효과적이다.

둘째, 현지에도 있다고 할 수 있겠지만, 우리나라 사람임을 감안하여 미리 한국 비상약(감기약, 지사제, 해열제, 진통제, 항생제, 반창고, 위장약, 멀미약, 모기약, 각종연고 등)을 챙겨두자. 고통을 호소하는 고객에게 미리 준비한 비상약으로 즉각 대처한다면 감동을 받는다(실제 경험이다).

셋째, 사전 미팅장소, 날씨, 옷차림, 전압, 환전, 로밍에 대해 사전안내를 전화번호와 함께 문자발송해서 사전에 인솔자임을 인지시켜야 한다. 그래야 미팅 시 친숙하게 다가갈 수 있다.

## 미팅 과정

무조건 고객보다 공항에 먼저 도착하는 것은 기본

이다. 공항의 주요시설(카트위치, 탑승수속과정을 진행할 카운터 등)을 파악하는 것은 첫 미팅에서 최고의 인상을 남길 수 있기 때문이다. 또 안내문의 성실한 배포는 인솔자의 중요한 업무다. 단순히 회사 차원의 손해를 회피하는 것이 아니라 말로써 설명할 수 없는 주요내용을 고지함으로써, 손님의 피해를 미연에 방지할 수 있기 때문이다. 미팅 시 안내문에 표기될 사항은 '수속과정상 유의사항, 기내반입 금지물품, 검역대상 물품, 물품의 면세범위'이다.

### 출국수속-출국게이트 안-보세구역(면세점)

**인솔자** : 우선 준비하신 여권을 항공사 직원에게 제출하면 탑승권을 받으실 수 있고요, 즉시 수하물을 위탁할 수 있으니 직원안내에 따라 짐을 컨베이어 벨트에 올려놓고 수하물확인증(Baggage Claim Tag)을 챙기시면 됩니다.

**인솔자** : 돌려받은 여권과 탑승권 및 수하물확인증은 여행 중 가장 중요한 소지품이라 여기시고 끝까지 잘 보관하셔야 합니다.

**인솔자** : 자, 보딩이 끝났으니 본격적으로 출국수속을 진행하겠습니다.

**인솔자** : 안내드린 바와 같이 세관신고물품이 있으신 고객님은 이곳 세관반출신고대에 신고해주시면 되십니다. 없으신 분은 대기선에서 순서를 기다리면 되시고요, 순서가 되면 검색요원의 안내에 따라 소지품을 컨베이어 벨트 위에 있는 바구니에 모두 올려놓고 '문형 금속탐지기'를 통과하여 검색절차를 받은 다음 소지품을 챙기시면 됩니다. 출국심사대는 여권과 비자를 심사하는 곳이니 제출하시면 되고요, 특별사유가 없다면 간단히 심사를 마치실 수 있으니, 마치고 나면 바로 앞에 모여주세요.

**인솔자** : 고객님들의 도움으로 빠른 시간에 출국수속을 마쳤습니다. 우리가 비행기를 탑승할 곳은 3번 게이트인데요, 이곳으로부터 우측으로 약 50m 정도 거리에 있습니다. 이제부터 자유시간을 갖으시되, 탑승시간은 반드시 지켜주셔야 합니다. 수시로 시간을 체크하셔서 09시까지 모여주세요.

단체 보딩과정이 가능한지 확인해야 한다. 왜냐하면 시간절약과 여행자들의 편의를 도모하기 위해 이를 실행하는 것이 더 좋은 인상을 줄 수 있기 때문이다. 하지만 몇 가지 주의할 요소가 있다.

· 여권의 훼손 여부를 여행자와 명확히 해둘 것(부득이 어렵다면 여권을 돌려주는 순간까지 여행자가 지켜보는 곳에서 진행돼야 한다).

· 수하물은 여행자들이 직접 운반하여 위탁하도록 할 것(파손이나 분실책임을 인솔자에게 전가하는 경우가 있다).

· 여행자들의 이탈방지(일부 여행자의 이탈이 업무 및 진행에 큰 차질을 주기에 반드시 인솔자에게 알리고 움직여줄 것을 공지해야 한다).

또한 좌석배정이 가능한지 미리 확인하는 것도 중요하다. 물론 항공기의 좌석배정은 현재 항공사의 고유권한이지만 일행들(부부, 가족, 노인, 소아 등)이 멀리 떨어져 앉는다면, 여행이 전반적으로 불쾌하게 기억될 수도 있다. 그러니 가능하면 조절을 할 수 있도록 이야기 하자. 생각보다 잘 바꿔준다.

### 출국수속과 보세구역

사실 출국과정은 안내를 잘 해주는 것만으로도 절차상 특이사항이 없는 한 무리없이 진행된다. 하지만 인솔자는 단체여행객들의 귀국까지 여행을 책임지는 여행 전문가다. 출국게이트에 들어가기 전 출국수속에 대한 안내를 자세히 설명해 여행자들의 신뢰를 확보해두는 것이 좋다. 사증(VISA)이 포함된 여행에서는 반드시 필요한 절차가 바로 출국수속 안내임을 잊지 말아야 한다. 더욱이 면세점을 들리느라 탑승시간 약속을 지키지 않아 불편을 겪는 사례는 아주 빈번하다.

　여러 사유가 있겠지만 특히 외항사의 경우 탑승동 이동열차의 이동시간까지 감안해야 한다. 국적기라 할지라도 귀국 시, 이동열차의 이동시간을 감안한다. 이를 방지하는 차원에서 인솔자는 탑승권에 나와 있는 지정 탑승구 번호를 여행자들에게 새차 강조하고 때에 따라서는 약속시간을 적절히 앞당겨 당부하기도 한다. 혹시 도착하지 않은 여행자가 있다면 재빨리 연락을 취한다.

# 여행 과정에 대한
## 매뉴얼 2

이어 인솔자가 여행시 진행할 기본 사항에 대한 실무상황을 설명하도록 한다. 이것은 필자의 여행사에서 수시로 교육시키고 있는 메뉴얼이며 현장에서 필요한 이야기들만 간추린 것이다.

### 입국과정-입국심사대(immigrations)-
### 수하물 수취장(컨베이어 벨트)-출국장 밖

**인솔자** : (통로는 비좁으니 넓은 장소를 확보해야겠다)

알지오투어 여행자분들은 이곳에 모여주세요~ 늦은 시간이어서 많이 피곤하셨죠? 이제부터 외국이니 화장실과 같이 급한 일이 있으셔도 꼭 저에게 말씀하시고 이동해주셔야 합니다. 자, 이제 모두 모이셨으니 이동하겠습니다. 저를 따라와 주세요.

**인솔자** : 이곳은 입국심사대입니다. 심사관 앞에 서시면 제반서류(여권, 비자)를 제출해주시고요. 혹시 문제가 있으신 분은 곁에 있는 저를 부르시면 됩니다. 이제 맡겨두었던 수하물을 찾기만 하면 됩니다. 수하물벨트는 3번입니다.

**인솔자** : 자세히 살피시어 본인 수하물을 챙겨주시기 바라며, 곧바로 세관을 통과하게 되니 같은 일행이 있더라도 한 분이 많은 짐을 들고 나가지 마시고, 각각 개인수하물을 챙기는 것이 좋습니다. 짐은 모두 챙기셨지요? 이제 출국장으로 나가겠습니다.

**인솔자** : 우리 가이드가 저기에 있네요. 이쪽으로 모여주시기 바랍니다. 이 장소를 정확히 기억하시고요. 급한 용무가 있으신 분은 공항에서 일을 보시고 20분 이내로 이곳에 다시 모여주시길 바랍니다.

입국과정에서는 외국인과의 접촉이 이루어지기 때문에 해외여행 경험이 많지 않은 여행자들이라면 어느 정도 긴장을 한다. 이럴 때 필요한 존재가 바로 인솔자다. 사실 알고 보면 별일도 아니다. 모르니까 긴장하는 것이다. 따라서 인솔자는 여행자가 당황하거나 긴장하지 않도록 곁에서 지켜주어야 한다.

또 일부 국가의 경우, 기본적으로 방문목적이나 방문기간 등을 질문하는 경우가 있다. 외국어를 잘해도 문제가 있을 수 있는데, 만약 그렇지 못하다면 당황하기 마련이다. 그러니 곁에서 혹시 모를 일에 대비해야 한다. 사전에 기본질문에 대한 답변 정도는 안내해주는 것도 하나의 방법이 될 수 있다.

**호텔로의 이동-버스 안-호텔 앞-**
**호텔 체크 인-호텔 프론트 앞 모임**

**인솔자** : 여러분, 이제 호텔로 출발하겠습니다. 짐은 질서 있게 넣어주시고요, 중요물품이나 소형물품은 개인이 소지하여 탑승해주시기 바랍니다.

**인솔자** : 오늘부터 여러분들의 여행에 길잡이가 되어주실 가이드 ○○ 씨와 운전사 ○○ 씨입니다. 호텔까지는 약 30분 정도가 소요된다고 하니, 가이드와 인사하시고 설명을 들을 수 있도록 하겠습니다. 설명을 들으시면서 편안히 기다려주시기 바랍니다.

**인솔자** : 여러분, 호텔에 도착했습니다. 조심히 하차해주시고요, 개인 짐을 챙기시고 대기해주시기 바랍니다. 손님 객실은 7층 707호입니다. 안내문에 기본정보(호텔정보, 주의안내, 귀중품 보관방법 등)와 연락처 등이 기재되어 있으니 중요한 일이 있을 경우 연락해주시고요, 아침식사는 6시부터 1층에 있는 A 레스토랑에서 드실 수 있습니다.

**손님** : 일정은 몇 시부터죠?

**인솔자** : 네, 일정은 8시부터이니 늦지 않게 프론트로 나와 주시면 됩니다. 많이 피곤하셨을 텐데 편히 쉬시고, 아침에 뵙겠습니다.

**인솔자** : (다음날 아침)편안히 쉬셨는지요? 오늘의 일정은 '일정표 2일차'입니다. 즐겁고 안전한 여행을 위해 이제부터는 어제 소개해드렸던 가이드 ○○ 씨의 안내에 적극 동참해주시기

바랍니다. 물론 저 역시 인솔자로서의 역할을 성실히 수행하도록 하겠습니다.

가장 베이직하고 깔끔한 진행은 이처럼 이뤄진다. 인솔자는 말이 너무 많아도 안 되며, 너무 적어도 안 된다. 항상 고객들을 살피고 상태를 확인한다. 기억하자. 우리는 여행의 전부이다. 우리를 통해 고객들은 여행을 마주하게 된다. 우리의 작은 실수가 어떤 사람에게는 큰 불편이 될 수 있다. 이를 하나의 표로 구성하면 아래와 같다. 인솔자가 가져야 할 전부다. 가능하다면 기억해서 실무에서 꼭 실행할 수 있도록 하자.

## 인격

**❶ Team Conduct**

- ⓐ Personality (외교관)
- ⓑ Leader (지휘자, 사령관)
- ⓒ 완성역(사회자, 연출가)

**❷ Guidance**

- ⓓ 배경지식(대학교수)
- ⓔ 어학(통역사)

**❸ Travel Specialist**

- ⓕ 직업상의 전문지식(상담역)
- ⓖ 응급처치(경찰관, 간호사)

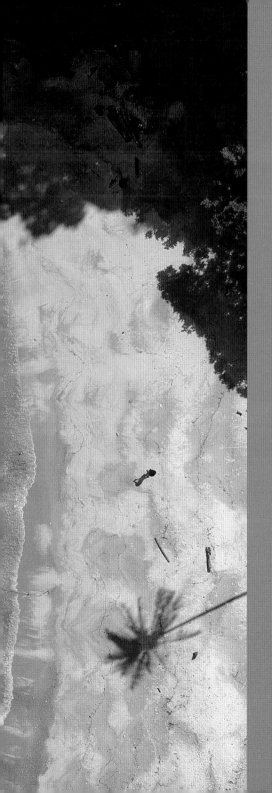

# chapter 5

## 여행기획자로서의
## 여행 이야기

도전은 불안하고 겁이
나지만, 때로는 삶에서
엉뚱한 길을 만들어준다.
젊다면, 한 번쯤은 엉뚱한
길에 대한 호기심을 품는
것도 나쁘지는 않다. 필자
역시 여행업에 들어올 때
그러했으니까 말이다.

# 청년들이여 여행을 기획하라

한 컨퍼런스에서 지역 관광업계 관계자, 문화기획자, 청년 여행기획자를 비롯한 전문가들이 함께 모였다. 참여한 패널들과 주제가 좋아 이 책에서 소개하고자 한다. 3명의 여행기획자는 같은 업종에 몸담고 있는, 필자도 눈여겨보고 있는 이른바 이쪽 계열의 신성들이었다. 대부분은 거의 무자본으로 여행업에 뛰어들어 적자를 극복하고 흑자를 낸 신화의 인물들

로, 이들이 전면에 내세운 것은 진정성과 아이디어였
다.

　▲ 여행트렌드 & 여행콘텐츠의 모든 것

조준기(여행에 미치다 대표)

　▲ 청년여행기획자, 새로운 도전과 기회!

김준태(도시여행자 대표)

　▲ 광주 여행자의 중심, 페드로하우스

김현석(페드로하우스 대표)


　특히 '여행에 미치다 조준기 대표'의 경우, 종종 내
강의에서 인용하는 인물이기도 하다. SNS를 적극적
으로 활용해 성공한 인물로 그가 가진 마인드가 여
행업에 뛰어드는 사람들에게 지표가 될 수 있기 때
문이다. 패널들이 강연한 내용을 잠깐 풀어보면 먼저
조준기 대표의 경우 청년들의 여행기획에 대한 실전
적인 이야기 위주로 진행했다. 그가 운영하는 '여행
에 미치다'가 어떻게 탄생했고, 어떤 방식으로 진행
되어 왔는지가 핵심 줄기였다.

인상 깊은 부분은 여행에 미치다는 초반엔 웹사이트에 돌아다니는 정보를 가공한 콘텐츠를 제공했는데, 2014년 여행작가로 활동하는 안시내 씨의 콘텐츠를 올리면서 팬 뷰가 급격하게 늘었다고 한다. 그걸 계기로 여행 콘텐츠를 공급하려는 사람과 소비하는 사람의 수요가 이어졌다. 즉 여행을 갔던 사람들의 이야기나 정보 등을 다양하게 만들고 공유하면서 커뮤니티가 커진 것이다. 이른바 일방적인 정보 전달이 아니라, 상호 소통을 적극적으로 주고 받기 시작한 것이다.

조 대표 스스로도 "2년 전까지만 해도 여행이란 콘텐츠가 페이스북에서 마케팅 툴이 될 수 있을까 의문이 들었다."고 사업 초반 갸우뚱했지만 여러 신선한 아이템을 적극적으로 진행했고, 그 중에서도 홍콩관광청과 함께한 '세 훈남의 홍콩여행' 영상은 페이스북에서 화제가 됐다. 이 영상은 홍콩 현지에 소개되면서 공식적으로 '여행에 미치다'만의 콘텐츠가 자리 잡게 했다.

도시여행자의 김준태 대표의 이야기도 관심을 끌

었다. 대전에서 도시여행자를 운영 중인 김 대표의 중학생 때 꿈은 버스기사였다고 한다. 지금은 하늘로 보내드린, 정신지체 장애를 앓았던 두 살 많은 형과 축구장을 간 적도, 버스를 타본 적도 없었다고 했다. 부모님이 맞벌이를 하셔서 형은 원명학교에 맡겨지고, 혼자 버스를 타고 종점까지 가곤 하면서 왜 교통약자들은 쉽게 대중교통을 이용하지 못할까 고민했더란다. 그 후 그는 런던에서 한 도시 한 달 살기를 하면서 런던 2층 버스의 기능을 알게 됐는데 건강한 사람이 2층, 교통약자가 1층에 탄다는 것을 알았다. 여기서 그는 도시 속의 문화가 바뀌어야 한다는 것을 생각한 듯하다.

그리고 곧바로 로컬 콘텐츠를 만드는 여행기획자로 변모했다. 대전 지역 청년들과 성장을 목표로 자립할 수 있는 비즈니스 모델을 만들고 소중한 가치를 나누는 사회적 임팩트 확산을 시도한 것이다. 이에 라이프스타일 서점과 카페 운영뿐만 아니라 공연, 전시, 포럼, 영화상영 같은 다양한 방법으로 이웃들과 나누고 즐기는 축제인 시티페스타를 함께 만들고 있다.

마지막은 광주에서는 제법 알려진 인물인 외국인 게스트하우스인 '페드로 하우스'를 운영하는 청년 김현석 대표였다. 김 대표는 현재 여행자들을 위한 카페 'VOYA-GERS'와 게스트 하우스 두 곳을 운영하고 있다고 한다. 이미 그가 운영하는 카페와 게스트 하우스는 한국을 찾는 외국인들 사이에서 꽤 유명세를 타고 있는데, 그 스스로 "서른 살 때까지 꿈도 없고, 직업도 없는 평범한 사람이었다."고 지칭한다. 그런 그가 우연히 떠난 여행에서 많은 깨달음을 얻고 한국으로 돌아와 하나씩 실천에 옮기기 시작하면서 인생이 바뀌었다.

먼저 페이스북에 '여행클럽'을 만들고, 외국인들이 모일만한 장소에 광고지를 붙여가며 사람을 모았다. 그렇게 몇 명의 외국인들을 데리고 간 첫 여행 장소는 영광 백수 해안도로였다. 김 대표의 표현을 빌리자면 그 첫 여행은 '작은 성공'이었다. 작은 성공을 거둔 뒤 자신감이 붙었다. 이후 6년이라는 기간 동안 무려 600회 가량 여행을 진행했다. 함께 여행을 떠난 외국인 수만 4000명에 달할 정도였다. 당연히 외국인들 사이에 꽤 유명한 여행 프로그램으로 자리잡아가고 있다. 전남지역 곳곳에 숨겨진 명소를 찾아갔을 뿐만 아니라 심지어 독도, 홍도, 마라도까지 여행을 떠나기도 했다. 이렇게 쌓인 내공을 바탕으로 그는 '페드로 하우스'라는 게스트하우스를 오픈했다. 살던 집 2층을 개조해 시험 삼아 숙박업을 시작했다. 그리고 지금에 이른다.

이들 3명의 공통점은 거의 아무것도 없는 상태에서 열정만으로 도전했다는 점이다. 물론 시행착오도 있었고 어려움도 있었다. 그럼에도 불구하고 변화에 익숙해지고 도전하는데 인색하지 않았다. 세상 사는 것도 비슷했다. 안정적인 길은 덜 불안할 수는 있겠지만, 큰 의미를 안겨줄 수 없다. 도전은 불안하고 겁이 나지만, 때로는 삶에서 엉뚱한 길을 만들어준다. 젊다면, 한 번쯤은 엉뚱한 길에 대한 호기심을 품는 것도 나쁘지는 않다. 필자 역시 여행업에 들어올 때 그러했으니까 말이다.

# 나만의 방법으로
# 기억하고 싶다

최근 몇 년간 필자가 관심 있게 쳐다보고 있는 여행 콘텐츠 회사가 있다. 바로 앞에서 말한 '여행에 미치다'란 곳이다. 대표는 조준기. 이곳은 여행커뮤니티를 운영하면서 발전하는 SNS 콘텐츠로 최적화된 미디어 채널을 운영하고 있다. 여행에 관한 정보 제공과 동기를 부여하고 많은 사람들이 좋아하고 즐겨하는 여행에 관해 도움을 주는 곳이다. 시작은 여행을 좋아하는 취지로 출발했는데, 페이지 팔로워 70

만 명에 비공개그룹 5만 명까지 금새 끌어올리며 아예 기업으로 탈바꿈한 곳이다. 현재는 150만 명을 찍은 상태다.

특히나 '여행 전문 분야'라는 과거에 없는 분야를 만들어낸 기업이기도 하다. 내부 체계는 일반 기업과 다르다고 한다. 일반적으로 기업의 탑다운 방식보다는 수평적인 구조를 유지하고, 1인 프로젝트 체제를 지향한다. SNS를 기반으로 한 새로운 기업형태이다 보니, 유동적이고 유연한 외부, 내부 운영을 지향하는 모양새다. 이들은 트렌드에 민감하고 오히려 트렌드를 앞서 나가야 하는 상황을 주도한다. 그래서인지 한번 콘텐츠가 올라오면 반응이 어마어마하다. 필자의 주변에도 이들의 콘텐츠를 보고 여행업에 뛰어들 것을 고민하는 사람도 있다. 이들이 이렇게 성장한데는 몇 가지의 요소가 있다고 한다.

첫 번째로는 소셜 미디어의 발달이다. 유튜브·인스타그램 등 소셜 미디어가 발달하면서, 많은 이들에게 글로벌 콘텐츠 접근이 일상이 됐다. 당연하게도 해외여행지나 해외여행 문화를 쉽게 접할 수 있다.

두 번째는 저가 항공(LCC, Low Cost Carrier)의 등장이다. 비행기 표가 싸다는 것은 쉽게 떠날 수 있다는 말이다.

세 번째는 다양한 여행 키워드다. 워라밸, 힐링, 욜로가 바로 그것이다. 이런 키워드의 중심에는 항상 여행이 있었고 '여미'는 이런 키워드에 적극 부합한 콘텐츠를 쏟아냈다. 그래서 갑자기 직원들에게 국내 워크숍을 떠난다고 말해놓고, 당일 전부 모였을 때 네덜란드로 떠나버리는 프로젝트를 실시하고 어떤 때는 한 달 동안 회사 문을 닫고 '한 달 살기'를 떠나기도 했다. 솔직히 상상조차 못한 콘텐츠였다. 직원들에게 최소한의 콘텐츠만 만들어 와달라는 주문 하나만 내려지자, 팀을 짜서 각각 한 달 동안 하고 싶은 걸 배울 수 있는 여행지를 정해 떠났다. 어떤 팀원은 수제맥주를 좋아해서 베를린 행을 택했고, 와인과 탱고를 배우러 부에노스아이레스로 간 팀원도 있었다. 서핑 배우러 발리에서 한 달을 살기도 했다. 그리고 이것을 책으로 출간하기도 했다.

발상 자체가 남다르고 깜짝 놀랄만한 것들이 가득

하다. 독특한 것만 있는 것은 아니다. 이들이 운영하는 페이지는 항공권 프로모션이나 행사 소개 등을 제외하고는 전부 여행자가 공유한 사진, 여행 팁 등을 한데 모아 공유한다. 그 결과 다른 사람들의 일정을 보고 내 일정을 수정하기도, 사진을 보고 여행을 결심하기도 한다. 즉 이들은 여행 '정보'가 아닌 여행 '느낌'에 초점을 잡고 있는 것이다.

이는 매우 중요한 발상이다. 여행 커뮤니티 문제점은 여행에 대한 니즈가 있을 때만 해당 커뮤니티를 방문하게 된다는 것인데, 꼭 정보가 필요할 때만 방문해서 보는 곳이 아니라 여행 느낌을 일상에서 느끼고 싶을 때 받아보고 싶은 페이지로 변모한 것이다. 또한 한 번 다녀온 여행을 평생 나만의 방법으로 생생하게 기억하고 싶은 20대들의 니즈를 제대로 건드렸다. 여행을 영상으로 기록하고 멋지게 편집하는 문화를 창조해낸 것이다. 또한 상호소통이 활발하다. 현재 '여행에 미치다' 페이스북 페이지의 70% 가량이 일반 콘텐츠 생산자들의 콘텐츠다. 콘텐츠 생산자, 소비자 모두 서로의 니즈를 충족시키며 점차 커지고 있는 추세다.

보면 볼수록 놀랍고 기특하다. 직접 여행을 주도하는 것도 아니고, 자기들끼리 떠나는 것임에도 불구하고 그 어떤 여행사가 해낼 수 없는 일들을 해낸다. 여행업에 종사하고 있는 사람으로서 질투가 날 정도다. 그렇다고 우리가 가만히 있을 수는 없다. 1인 여행사를 꿈꾸는 사람들이라면 더욱 그러하다. '여미'의 성공 전략을 바탕으로 앞으로 더 나아가야 한다. 보다 적극적인 영상 콘텐츠를 만들고, 사람들의 니즈에 맞는 프로그램을 개발해야 한다.

여행사가 주는 안정감과 든든함을 바탕으로 자유로움과 편안함을 줄 수 있는 기획을 만들면 된다. 무조건 튄다고 다 좋은 것은 아니다. 우리 모두가 외국에서 한 달을 살 수 있는 것은 아니지 않는가. 그럼에도 짧은 기간 동안 고객들이 만족할 수 있는 무언가를 찾아내는 것이 우리의 일이다. 그렇기 위해서 배워야 하고 경험을 쌓아야 한다. 우리는 콘텐츠를 생산하고 보여주는 사람들이 아니라 콘텐츠 그 자체이기도 하다.

**고객들에게 우리가 프로그램이며, 여행이고, 여행의 본질로 안내하는 사람이다.** 그런 점을 생각한다면, 마냥 트렌드를 좇아갈 것은 아니다. 오히려 이런 시점에서 1인 여행사로서의 새로운 트렌드를 탄생시켜야 한다. 어렵다고? 인생에서 쉬운 게 뭐가 있나. 여행업에 들어오려고 마음먹었다면, 제대로 한번 해보자. 방법은 많다. 당신이 찾아보지 않아서일 뿐.

# 여행사는 어떻게 만드는 걸까?

"여행사 창업을 하기 위해선 어떤 절차를 거쳐야 하나요?"

수강생들이 필자에게 묻는 필수 질문이다. 사실 이 부분은 구태여 질문하지 않아도 강의를 하는 부분이기도 하지만, 모인 사람들 대부분 열정들이 가득해 첫 시간부터 물어보기도 한다. 일단 여행과 여행사는 다르다는 것을 명확하게 인식해야 한다. 많은 사람들이 여행을 좋아해서 여행업을 해보고 싶다고 말한다. 반은 맞고 반을 틀리다.

여행사는 여행을 좋아해야 할 수 있는 것이기는 하다. 그러나 여행을 하면서 돈을 번다는 것은 쉬운 일이 아니다. 특히 지금처럼 다양한 여행사들이 거의 매일 탄생하는 시점에서는 차별화되어 있지 않는 일반적인 패키지여행업은 전쟁터와 다름없다. **결국 1인 여행사를 꿈꾸는 이들이 선택할 것은 좀 더 차별화되고 경쟁력 있는 여행사를 만드는 것이다.** 우선 이번 편에서는 여행사를 창업하는 과정을 이야기해보도록 하자.

여행사는 여행사 설립을 위한 사업계획서부터 서류화하는 절차가 출발점이다. 실무적으로 보면 보편적으로 1인 여행사의 특징은 사장 혼자서 영업, 오퍼레이터, 인솔, 경리, 세무 업무까지를 직접 하는 것을 말한다. 이것이 부담스러울 경우 사장이 영업, 인솔을 하고 오퍼레이터를 고용해 사무업무를 시키기도 한다. 첫 번째든, 두 번째든 아주 작은 규모의 여행사라는 것은 다를 바가 없다. 문제는 여행사의 크고 작음이 아니라 차별화된 서비스다.

사업계획서에는 마케팅 방법도 필요하다. 검색/노출, SNS 인맥 등을 하나씩 하나씩 영업 전략을 실전적으로 짜고 이를 실현해나가는 과정을 문서화해야 한다. 여기에는 기존 지인 DB를 어떻게 사업적으로 전환시켜서 여행사업을 운영하고 확장해나가야 할 것인가에 대한 고민도 있어야 한다. 특히나 지인의 경우 내 여행사를 본격적으로 찾는 건 1년~3년이 지나야 한다. 그 전에는 끊임없이 내가 여행업을 하고 있다는 걸 알리는 것이 중요하다. 꾸준히 정보를 주다보면 결국 나를 찾게 된다. 물론 이 과정에서 나에 대한 신뢰성이 담보돼야 한다.

한 가지 조언하자면 실무영역에서 잊지 말아야 할 것은 창업초기에 1년 정도는 실무의 성과를 내기 위해서 기존의 베테랑 전문가들을 활용, 내가 여행사업을 하고 있다는 것을 알리는 것에 주력하라. 실제 성과를 내는 과정을 알아둔 뒤 직원 채용을 하라는 말이다. 또한 당연한 말이지만 여행사 창업보다 창업 후에 어떻게 운영을 해나갈지가 더 중요하다. 이 과정에서 조언해줄 전문가가 있다면 큰 도움이 된다.

실제로 필자는 여행 창업자들에게 멘토를 두는 것이 아주 중요하다고 말한다. 사업초기에는 신경 써야 할 것들이 너무 많다. 여기에 수많은 시행착오도 필요하다. 이럴 때 멘토가 있다면 방향을 빨리 잡을 수 있고, 대표가 할 수 있는 영역을 구축하기 쉽다.

아래는 여행사 창업을 위한 사전준비다.

❖ 여행사창업을 결정하기 전에 여행업에 필요한 다양한 교육을 수강한다.

❖ 교육을 들으면서 내가 잘하는, 그리고 좋아하는 일 중심으로 핵심 테마를 정하고 집중한다.

❖ 창업의 절차와 관련기관, 서류, 비용을 정리하고 준비해나간다.

❖ 마케팅 전략을 정리하고 내 계정 SNS 도전, 실행 계획을 세운다.

❖ 여행사로서 단독사업을 할지, 협력사 위탁 등 가맹점을 할 것인지 결정한다.

❖ 기존 지인, 고객리스트를 작성해서 유치, 관리와 홍보방향을 결정한다(카카오톡 플러스, 밴드, 카페).

❖ 직접 마케팅을 운영하는 것과 대행업체를 사용할 것인지 예산과 성과를 검토한다.

여기까지 진행했다면 이제부터 본격적으로 여행사를 창업하는 과정이 남았다. 대한민국에서 여행사

설립은 허가제다. 그러기 위해서는 관광사업자를 허가 받는 게 우선이다. 관광사업자는 총 3가지 종류가 있으니 자신이 하려는 관광사업자 형태를 먼저 결정해야 한다. 또한 사업자를 낼 때 법인사업자와 개인사업자 중 선택하면 된다.

> ❖ **일반여행업** : 자본금 규정은 2018년 10월 기준으로 1억이며 외국인을 모집해 와서 한국 내 투어를 시키는 인바운드 여행업을 할 수 있는 자격. 이 자격은 국외여행업, 국내여행업까지 모든 자격을 일괄 허가한다고 보면 된다.
>
> ❖ **국외여행업** : 자본금규정 3천만 원으로 내국인을 해외에 송출하는 행사를 하는 해외여행업.
>
> ❖ **국내여행업** : 자본금규정 1천5백만 원으로 내국인을 국내에서 모집해 행사를 하는 여행업.

아울러 여행사설립에 필요한 해당 업무를 보는 기관들은 아래와 같다.

> ❖ **관광사업자등록증 허가** : 사업장소재지 해당 시, 구청 관할 관청 관광사업부.
>
> ❖ **사업자등록증** : 관광사업자등록증이 나오면 사업장소재지 관할세무서.

❖ **여행보증보험** : 관광사업자등록증과 사업자등록증이 나온 후 서울보증보험 이용.

❖ **통신판매업** : 위 세 가지가 갖춰진 후 사업장소재지 관할 구청 관광사업부.

간단히 설명하자면 관광사업자를 허가받는데 필요한 서류는 아래와 같다.

❖ 임대차계약서(전대면 전대계약서와 건물주의 전대동의서도 필요)

❖ 잔고증명(상기 관광사업자 형태별 액수)

❖ 영업개시자산확인증명서(잔고증명을 가지고 세무사/회계사에서 발급)

❖ 여행사 사업계획서

❖ 신분증

❖ 관광사업자신청서

❖ 수수료(해당 관청 가면 인지구매, 수수료, 면허세 발생)

# 프랜차이즈 여행사의
## 장점은?

　이 부분은 개인적으로는 여행사를 처음 시작하는 사람들에게 꼭 권하는 부분이다. 앞서 여행사를 창업을 할 때 법인이냐, 개인이냐를 결정하는 부분이 있다고 제시했다. 기본적으로 이 구분은 국세청에서 세법상 사업하는 사람이 매출이 커지면 법인으로 사업하는 게 세제상 유리한 점이 있기에 구분하는 것이다.

　아울러 기관이나 단체, 기업들의 인식은 여전히 법

인을 더 믿을 만하다고 느낀다. 그래서 기관이나 기업을 상대하려는 여행업자의 경우 법인사업자를 설립하는 것이 일반적이다. 개인사업자는 가볍게 일하고, 각종 부대비용도 조금 가벼운 반면, 법인사업자는 여러모로 부대비용도 많이 든다. 초기 사업자 등록 시에도 법인 설립등기면허세가 자본금 규모에 따라서 보통 100~200만 원 수준의 비용이 든다는 점을 알고 선택해야 한다.

그럼에도 법인을 신청하라고 조언한다. 개인사업자는 확대성이 더디다. 여행사가 살아나기 위해서는 단체 관광객을 많이 수용해야 하는데, 주로 관공서나 기업들이 대상이다. 그런데 그들 대부분이 개인사업자에 대한 신용도를 높게 쳐주지 않는다. 사고나 어떤 일이 발생했을 시 개인사업자는 처리 능력이 더딜 것이라 생각하기 때문이다. 문제는 법인을 하려면 혼자서는 안 된다는 것이다.

방법은 있다. 그것도 아주 효과적인 방법이 있다. 법인사업자이면서도 비용을 절감하고 여행창업 절차를 간소화시키며 전반적인 시스템과 솔루션을 제

공 받을 수 있는 것, 바로 프랜차이즈와 가맹점 선택
이다. 특히 가맹점 등록은 절차가 너무 쉽다. 법인으
로서의 서류 준비가 생략된다. 본사에서 대행해주기
때문이다. 사실 이것만으로도 시간을 크게 줄일 수
있다. 또 여행업 등록 역시 생략할 수 있다. 이도 대
행처리하기 때문이다. 그 외 여행보증 보험가입 부분
도 본사에서 알아서 해준다. 골치 아픈 부분은 다 본
사에서 처리하는 것이다.

생각해보자. 여행사의 핵심은 시스템화다. 성공한
여행사일수록 고유한 시스템 체계가 존재한다. 그런
데 여행창업 초보들이 이런 시스템을 갖추기까지는
생각보다 오랜 시간이 걸린다. 필자도 빠르게 했다고
생각했지만 3년 이상이 걸렸다. 더욱이 시스템을 갖
추는 과정에서 여러 복잡한 시행착오가 발생하고 이
를 또 온전히 본인이 감당해야 한다. 창업을 했으니
돈을 벌어야 하는데, 혼자서는 이것저것 할 일이 너
무 많다. 여기에 영업도 해야 하고, 차별화된 기획도
짜야 한다. 막상 운이 좋아 여행 고객을 확보했다고
하더라도 인솔하는 몫도 내가 혼자 해야 한다. 몸이

열 개라도 부족할 뿐 더러 처음이라 분명히 실수가 발생하게 된다.

그렇다고 아무 가맹점이나 신청하는 것도 문제다. 차별성이 없기 때문이다. 이 경우 가맹점은 그저 티켓창구로 전락한다. 자신이 짜놓은 여행기획도 쓸모가 없고, 그저 주어진 레시피대로 순서에 맞춰 진행만 하면 되는 아무 할 일 없는 식당주인이 되어버린다. 물론 그에 따른 막대한 비용을 매달 지불하면서 말이다. 그래서 **필자가 권하는 프랜차이즈나 가맹점은 고유한 시스템이 정착되어 있고 차별화된 서비스와 노하우를 가진 본사를 선택해서 가맹점을 신청하라는 것이다.**

그 과정에서 자신의 여행기획이 받아들여지는지 혹은 여행기획에 대한 적절한 피드백이 있는지 등도 확인해야 한다. 잘하는 일을 좋아하는 일과 접목한 여행인솔자에 대한 실전적인 방법도 전수 가능한지도 알아봐야 한다. "이렇게 하시면 돼요."가 아니라 "이 방법이 대표님께 어울릴 것 같습니다."라고 명령이 아닌 솔루션을 제시하는 곳의 가맹점이 되라는 것이다.

이런 경우 마케팅에서도 큰 도움이 된다. 필자의 예를 들어보자. 필자도 최근 창업수강생을 대상으로 가맹점을 모집하고 있는데 가장 강조하는 부분이 단체 플랫폼이다. 혼자서 마케팅을 하는 것이 아니라 함께 마케팅의 아이디어를 짜내 이를 개개인에게 반영하는 방법이다. 본사가 "이렇게 갑시다."가 아니라 모두의 의견을 모아 마케팅 방향을 정하고 이를 추진하는 것을 본사가 맡는 것이다.

가맹점은 아이디어를 통해 동참하고 본사는 이를 합리적으로 진행해 고객을 모으는 것이다. 생각보다 효과가 커서, 많은 가맹점주들이 만족하는 분위기다. 물론 이 역시 계속 발전을 통해 바뀌어나갈 예정이다. 알지오의 생명력은 창의력과 차별성에 있기 때문이다. 프랜차이즈, 가맹점으로 여행업을 시작해서 좋은 점은 다음과 같다.

❖ 창업 서류절차가 간소화되어 있다.

❖ 창업비용이 절감된다.

❖ 창업 준비 소요시간이 절감된다.

❖ 시스템화된 곳의 업무지원을 받을 수 있다.

❖ 공동마케팅으로 광고비를 절감할 수 있다.

❖ 다년 간의 노하우를 배울 수 있다.

# 배울 거면,
## 세계여행전문가가
## 되자

 

 

 

필자는 여행 창업자들을 대상으로 강의를 진행 중이다. 그 강의 중 하나가 바로 세계여행전문가 과정이다. 투어플래너(Tour Planner)라고도 하는데, '여행시장의 변화에 선도적으로 일하는 사람'이라고 지칭한다. 21세기의 여행 패러다임은 과거와는 다르다. 여행에 대한 제도적 환경적 변화가 이뤄지면서 일반인들의 여행에 대한 욕구와 동기도 변화한 것이다. 여기에 내국인의 해외여행 3000만 명 시대, IT환경의 급속한 발전으로 수많은 여행관련 매체광고가 쏟아져 나온다.

그럼에도 대부분의 고객들을 막상 여행을 가고자할 때는 가격위주 기준을 적용한다. 스스로가 무엇을 좋아하는지 잘 모르기 때문이다. 이렇다 보니 여행을 떠날수록 전문적인 여행정보서비스에 대한 갈증은 더욱 커질 수밖에 없다. 현명한 여행업 종사자는 이러한 여행소비자 시장의 변화에 대응해 시장을 선도해나가야 한다. 그러기 위해서는 인력개발과 경력개발이 필수다.

**여행업은 본질적으로 '즐거움'을 추구하는 '사람'을 상대하는 직업이다. 즉 여행과 사람에 대한 어떠한 마인드를 소유하느냐에 따라 해당 여행사의 성패가 결정된다.** 바로 이런 점까지 고민한 끝에 필자가 개설한 항목이 바로 세계여행전문가 혹은 투어플래너다. 물론 이런 교육이 다른 곳에서도 이뤄지고 있지만, 필자의 경우 보다 실전적인 부분을 강조하고 있다.

여기서 투어플래너에 대한 설명을 좀 더 해보자면, 세계여행상품의 개발, 기획, 준비진행, 제반업무를 조정 운영하면서 시장조사 아이디어 창출, 마케팅전략 수립, 홍보방안 설정, 사업성 분석, 기획, 상품 및 서비스 개발 상품 계약 등의 업무를 수행하는 21세기형 전문 직업을 통칭한다. 고객의 흥미를 자극할 수 있도록 이색적인 여행상품을 개발하고 이를 성별, 연령, 직업, 여행목적 등 고객의 다양한 취향과 조건과 결부시킨다.

이는 다른 여행사와 차별화된 상품을 만들기 위함인데, 이런 과정을 거쳐 여행상품이 기획되면 여행지 선정부터 일정은 물론 항공권 예약, 현지호텔 예약, 렌터카, 레스토랑을 고객 스타일과 성격, 예산에 따라 맞춤형으로 설계를 하는 것이 투어플래너 또는 여행상품 기획가의 역할이며 세계여행전문가가 되는 길이다. 이미 투어플래너가 취업선호도 1위로 꼽히는 나라도 있다. 또 취업 포탈사이트 '스카우트'가 한국고용정보원, 노동부 워크넷, 한국직업능력개발원의 자료를 바탕으로 선정한 '10년 후 뜨는 직업 베스트 5'에도 선정되어 있다. 이른바 21세기 유망직종인 것이다.

이에 필자는 2019년부터 향후 여행업의 핵심 브레인이자 무한한 상상력과 전문성을 바탕으로 최고의 연봉인으로 거듭날 '투어플래너 과성 1기'를 개설했다. 강의 내용은 일반적인 학부의 수업이 아닌 현장에서 직접 맞춤식 서비스를 제공할 수 있도록 구성됐는데, 형식적인 것보다는 역발상의 훈련을 통해 새로운 것을 만들 수 있는 창의적인 기획전문가, SNS 21세기형 1인 여행창업, 해외인솔자 등의 과목으로 채워져 있다. 교육을 다 마친 이들에게는 아래와 같은 특전도 주어진다.

❖ 교육이수자에게 수료증 수여
❖ 자격인증서 수여(소셜미디어마케터 또는 국외인솔자)
❖ 현지 해외여행 인솔자실습
❖ 동문회 및 후원회 결성 지원
❖ 신뢰 있는 관광업체 취업연계, 프리랜서 활동 지원 및 창업지원

미래 여행업은 대형화, 전문화, 복합화의 경향을 띨 것이다. 선진국은 이미 대기업 수준의 여행사가 정착했을 뿐만 아니라, 소형 여행사의 경우는 특정 시장

을 집중적으로 공략하는 전문화, 차별화 전략을 구사하고 있다. 반면 현재 한국의 여행업계는 아직도 도·소매업의 기능이 분화되지 못해 여행산업의 안정적 성장을 위한 대형화, 전문화가 이뤄지지 않고 있다.

무엇보다 여행사가 일정 규모 경제를 실현하기 위해서는 선도적인 여행사들의 대형화도 필요하지만 중·소규모 여행사들도 다양한 유형의 전략적 제휴가 전제돼야 한다. 그런데 우리나라는 이 부분이 정체되어 있는 상태다. 더욱이 지금은 패키지 시장의 경우 전세기와 하드블록 확보를 위해서 자본력이 많은 여행사의 영향이 커지고 있다. 실제로 대형 여행사의 실적은 아웃바운드 내국인 송출실적에서 상위 30여 개 여행사의 실적이 전체의 80~90% 이상 점유하고 있다. 특히 상위 4개의 업체가 상위 30개 여행사의 실적 50% 정도를 점유하고 있다.

그나마 다행인 것은 대형화와 별개로 소규모 여행사도 증가하고 있다는 점이다. 국내 여행사의 내부요인과 사회적 필요성에 따른 현상이다. 경쟁에서 밀린

여행사의 도산 후 새로운 형태의 여행사가 시장에 나타나고 있고 고객들의 새로운 시장요구에 대한 여행사 창업과 여행전공자의 승가가 배경이다. 주목할 점은 전문성을 가지고 안정된 거래처를 보유한 여행사는 규모와 관계없이 성장하고 있다는 것이다. 여행사는 소자본과 자기만의 노하우로 창업이 가능한 장점이 있으나 창업이 곧바로 성공을 보장하지는 않는다. 성공가능성은 세계시장의 다양성, 경쟁력의 원천, 여행시장의 성장가능성, 고객과 거래처 같은 지속적인 관계유지 가능성 등을 통해 커질 수 있다.

결론적으로 앞으로는 차별화된 여행상품과 서비스만이 살 길이다. 대형화, 전문화, 복합화를 대비하고 준비한 업체만이 자유여행객이 늘어난다 해도 여행업계에서 경쟁력 있게 앞서 나가고 자리매김할 수 있다. 그리고 이런 경쟁력은 다름 아니라 바로 '여행 전문가'다.

# 에필로그

**이곳으로 많은 이들을 초대할 예정이다**

몇 년 전 책을 쓰겠다고 마음먹었을 때가 있었다. 틈틈이 각종 여행 자료들을 모아 세상에 내놓았다. 많은 이들이 고생했다고 했지만, 사실 마음에 들지 않았다. 무언가 부족했다. 조금 더 지난 후에는 오로지 여행과 관련한, 현지 경험으로만 가득한 책을 쓰겠다는 생각을 했다. 그리고 시간이 지났다. 다시 또 책을 쓰기 위해 컴퓨터 앞에 앉아서 머리를 쥐어짜며 결국 말했다.

"내가 지금 뭔 짓을 하고 있는 것이지?"

에필로그

여행 이야기 하나만으로도 내 인생은 이미 충만하다. 그런데 앞서 낸 책으로 인해 많은 이들이 "저도 여행사를 해보고 싶은데 어떻게 하면 되나요?"라고 물어 본 것이 화근이었다. 하나 둘 이야기를 해주다보니, 차라리 그냥 모아서 가르치자란 마음이 들었다. 그래서 택한 것이 '1인 여행사'였다. 크게 하지 않아도 열정과 아이디어, 노력만 있으면 생존이 가능할 듯했다. 문제가 생겼다. 단순히 노하우만 전수해서는 안 되는 것이었다. 여행업계는 그야말로 정글이다. 이들에게 노하우만 가르치고 내보낸다는 것은 사자 우리에 던져놓는 것과 같았다.

더욱이 강의 교재도 필요했다. 그래서 이 책을 집필하기 시작했다. 처음에는 내부용으로만 쓰려고 했는데, 계속 욕심이 생겼다. 여행업의 본질은 무엇이고, 1인 기업은 어떤 것이며, 어떤 마케팅이 필요한가. 최근의 트렌드는 또 무엇이며, 실전에서 써먹을 수 있는 방법은 어떤 것이 있는가 고민하고 또 고민하면서 나의 이야기를 옮기고 바꾸길 몇 차례에 걸쳐 진행했다.

이 책에는 여행사들이 주로 쓰는 매뉴얼이 있고, 그것을 가공해 옮긴 부분도 있다. 4장이 그런 경우다. 대부분 초보 여행 관계자들이 어디를 들어가든 배우는 것들이다. 이밖에도 현장 경험뿐만 아니라, 추천하고 싶은 책들에 대한 이야기도, 내 노하우도 더했다. 쓰고 보니 확실히 알게 됐다. 내가 여행을 좋아하고 사랑한다는 것을. 어딘가를 떠나서 좋은 것이 아니다. 떠나기 전의 긴장감도, 도착했을 때의 낯설음도, 사람들과의 부대낌도 하나같이 나에게는 오케스트라 연주 같은 것이다.

불협화음이 일어나면, 일어난 대로 현장에서 수정하고 또 새로운 리듬을 만나면 적용해 보기도 한다. 나에게 여행은 늘 새로운 나를 만나는 과정이며, 그 과정에서 어딘가는 더 성숙해지고 발전해가는 시간이기도 하다. 이런 기쁨을 느끼기까지 쉽게 온 것은 아니지만, 그렇다고 너무 아프지도 않았다. 아마도 운이 좋았기 때문이고, 아마도 여행을 사랑해서 아파도 아픔을 못 느꼈을 수도 있다.

이제 이곳으로 많은 이들을 초대할 예정이다. 왜

라이벌을 늘리느냐고 묻는다면, 라이벌이 아니라 '동료'라고 말하고 싶다. 나는 가격 경쟁을 하는 여행사를 운영하지 않는다. 그런 여행사는 나 아니어도 무수하게 널려 있다. **나는 여행이 아니라 인생을 안내하는 사람이다. 그리고 그런 안내자가 많을수록 우리의 삶은 더욱 풍족해질 것이다.** 여행 하나에 너무 많은 의미를 담은 것이 아니냐고 한다면 딱히 할 말은 없다. 그저, 지금 떠나 보라고 말할 뿐이다. 혼자 가든, 여럿이 가든 떠나라. 기왕이면 안내자를 옆에 끼고 가라. 가다 보면 안개도 있고, 비도 내린다. 그때마다 안내자들은 등불을 들고 우산을 펼 것이다. 필자가 그렇게 가르치려고 하기 때문이다. 우리의 인생은 한 번이다. 그러나 내 안의 나는 하나가 아닐 것이다.

**그러니 세상을 떠나기 전까지
다양한 나를 만나러 움직여라.
지금 이곳의 당신이 아닌,
낯선 곳의 당신이 궁금하지 않은가?
나는 오늘도 궁금하다.**

열정만 있다면
당신은
여행 CEO